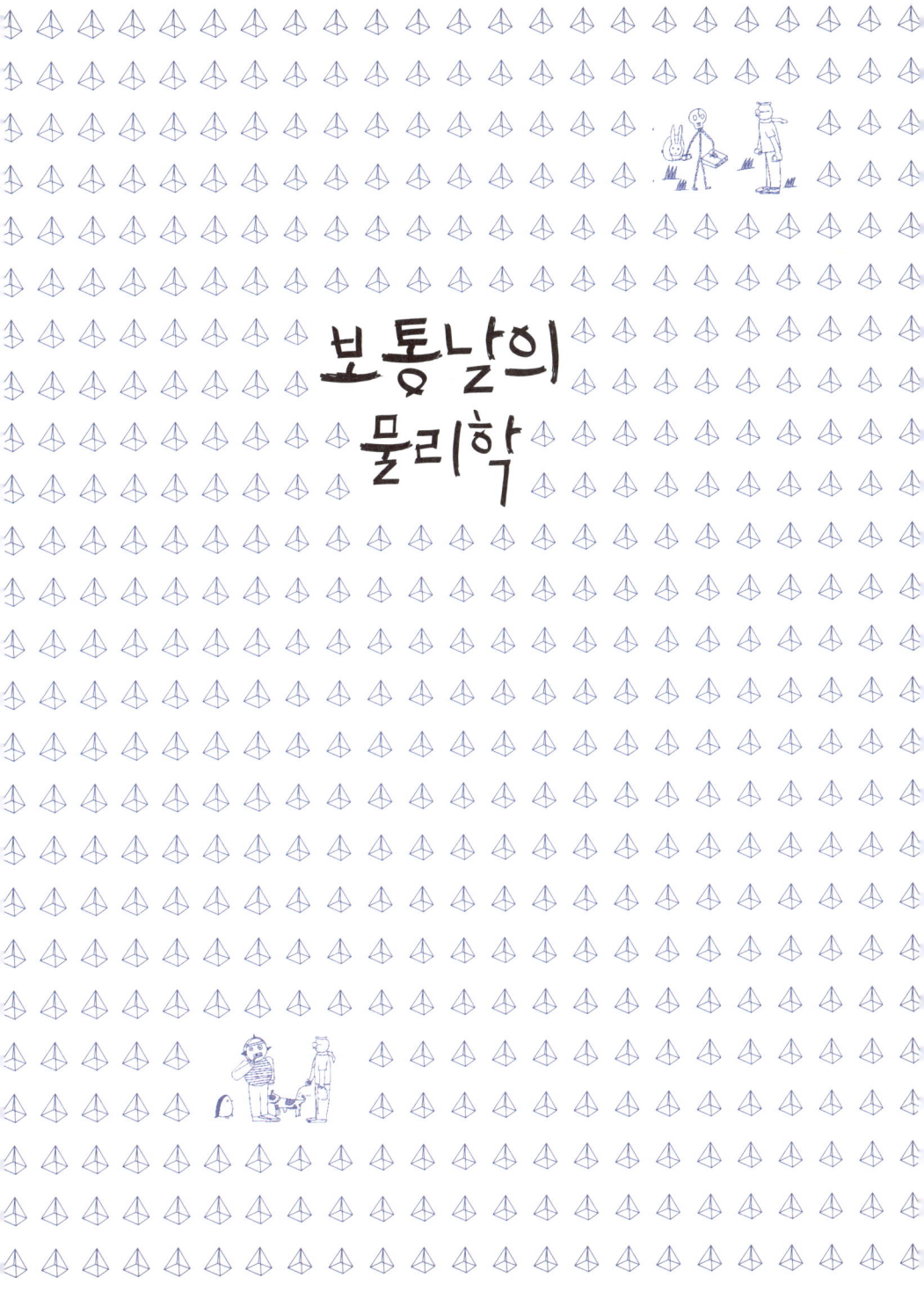

일상이 즐거워지는 물리 이야기

보통날의 물리학

이기진 글·그림

이케이북

차례

INTRO 008

| Part 1 |

지구
The Earth

북극곰을 죽인 범인은 지구온난화? 012
알면 더 무시무시한 방사능 이야기 022
지구 여행자, 바람 032

| Part 2 |

우주
The Universe

파괴와 창조의 두 얼굴, 블랙홀 044
우주를 꽉 채운 정체불명의 암흑물질 052
우주 탐사의 전초 기지, 달 062

| Part 3 |

물질
Material

순금을 24K로 표시하는 이유　074
초콜릿을 먹으면 사랑에 빠진다?　084
사탄의 유혹, 커피에 사로잡힌 유럽　092

| Part 4 |

기술
Technology

빛보다 빠르면 시간 여행이 가능하다　104
지하 파이프에서 시작된 무선 통신의 역사　112
파리 지하철은 아직 종이 표를 쓴다　122

| Part 5 |

일상
Everyday

지구가 자전하는 소리를 들을 수 없는 이유 132
애인한테 차인 기억을 지울 수 없나요? 142
사람은 열받으면 어떻게 될까? 150
무한동력기관을 찾아서 158
여자는 왜 봄이 되면 치마에 홀리는가? 166
미래를 여는 문, 컨버전스 176

| Part 6 |

사람
People

전화를 최초로 발명한 사람은 벨이 아니다? 186
사과와 함께 떨어진 주식 194
물에 미친 사나이 202
2대에 걸친 영광, 2대에 걸친 죽음 210
노벨상을 거부한 사람들 218

| INTRO |

이제는 책을 그만 내고 책을 읽는 생활을 즐겨보려고 했는데 다시 책을 내게 되었다. 창피함이 앞서는 이유는 무엇일까?
책을 평생 만지며 사는 고수에게 어느 인터뷰에서 물어보았다.
"세상에 좋은 책과 나쁜 책이 있나요?"
"그런 것은 없습니다. 자신을 표현하려는 마지막 열망이 책이고, 책을 만드는 그 자체가 삶의 중요한 작업입니다."
그의 말로 부끄러움을 덮어보려고 한다.

이 책은 인터넷서점 예스24에서 지난 1년 동안 〈바나나박사 물리학에 쪼인트 맞다〉라는 제목으로 연재한 칼럼을 묶은 것이다. 처음 연재를 시작했을 때는 앞으로 쓸 글감을 떠올리며 행복감에 빠졌었지만, 얼마 지나지 않아 고통에 빠지게 되었다. 매번 기록되는 조회수 역시 눈감고 모른 척하려 했지만 목구멍 안의 가시와 같이 외면하기가 힘들었다. 매주 글을 쓰면서도 이번이 마지막이라는 생각으로 글을 웹에 올리곤 했다. 당시는 참 고통스러운 경험을 했지만 지나고 생각하니 어디서도 배울 수 없는 좋은 공부를 했다는 생각이 든다. 고통 속 연습이라는 노력 속에 삶이 어떤 형태로든지 단련된다는 것을 깨달았다.
원고를 다듬고 정리하면서 다시 그림을 그렸다. 다른 책에서 그림을 한 번 그렸는데, 그것을 본 편집자들이 욕심을 내고 강요해서 나는 잠시 그림 노동자가 되는 경험을 하기도 했다. 좋아서 그리는 그림이었는데 어깨가 아파올 때마다 도망가고 싶다는 생각을 했다. 우여곡절 끝에 완성한 책이다. 내 삶의 중요한 작업으로 남을지는 독자들의 판단이 중요할 것 같다.

이 책의 기획자는 물리를 모른다며 일상에서 겪는 일들을 가끔 물리와 엮어 나에게 질문을 해댔다. 물리적으로 보면 참으로 난해하고 바보스러운 질문도 있었다. 물리를 어렵게 생각하고 있다는 것이 질문에도 나타났다. 이 책은 이런 사람들을 위한 것이다. 물리라는 말은 어렵지만 물리 자체는 어려운 것이 아니다. 우리 주변에 널려 있다. 모든 학문과 마찬가지로 물리도 우리의 소소한 일상과 밀접하다. 이 책을 읽고 물리를 친밀하게 느끼게 되기를 바랄 뿐이다.

정미화 편집장은 연재를 시작할 때부터 책을 완성할 때까지 처음부터 끝까지 같이했다. 4년 동안 교류하며 나온 결과물이 이 책이다. 내 책이라기보다는 정미화 편집장의 책일지도 모른다. 그리고 임홍열 편집자 역시 얼떨결에 이 책에 뛰어들어 도망 다니는 나 때문에 고통에 빠진 조력자 중 한 명이다. 강요와 열정 사이에서 작업했던지라 이 책이 나오고 나면 나 자신을 표현하려는 열망 중 무엇이 남았는지 곰곰이 생각해봐야겠다. 채린, 하린이 이 책을 읽고 웃음을 지으며 책장을 덮으면 행복하겠다.

이기진

Global warming story 북극곰을 죽인 범인은 지구온난화?

태평양이나 대서양을 횡단하지 않고 북극해를 지나는 '북서항로'를 개척하기 위해 수많은 탐험가들이 목숨을 잃었다. 이 황금 항로는 1497년 영국의 헨리 7세의 명을 받은 캐보트를 시작으로 많은 탐험가들의 호기심을 자극했다. 하지만 그들의 모험은 모두 실패로 끝났고 말았다. 그 가운데 최악의 사건은 130명의 사망자를 낸 프랭클린 탐험대의 비극이다. 그들은 끔찍한 추위와 싸우면서 온통 얼음뿐인 그곳을 벗어나기 위해 처절한 행군을 감행했으나 결국 죽음을 맞아야만 했다. 그로부터 오랜 시간이 흐른 후 선배들의 뒤를 이은 아문센에 의해 마침내 북서항로는 그 실체를 드러냈다.

최근에 뜻밖에도 지구온난화 때문에 북극항로NPR가 열리게 되었다는 소식을 들었다. 이 항로를 통하면 부산에서 로테르담까지 기존의 수에즈 운하를 통과하는 인도양 항로에 비해 운항 거리에서 약 7,400km, 운항 시간에서 10일을 단축할 수 있다고 한다. 1951년 이후 북극의 기온이 전 세계 평균보다 두 배 가까이 올랐기 때문에 벌어진 일이다.

'아기 예수' 엘니뇨의 재림

며칠 전 아르메니아의 친구와 통화를 하다가 그곳 날씨를 물었다. 영하의 강추위에 벌벌 떨고 있어야 할 친구가 따뜻한 봄날을 즐기고 있었다. 코카서스의 기온이 영상 15℃라고 했다. 춥지 않아서 다행인지, 아닌지 알 수 없었다. 얼마 전 알래스카의 한 친구는 연일 비가 온다고 푸념을 늘어놓았다. 태국 여행을 다녀온 친구는 올 겨울이 태국 역사상 최고의 겨울 더위였다고 전했다. 파리 역시 몇 십 년 만에 폭설이 왔다고 했다. 이전에는 경험해보지 못한 겨울 풍경이 여기저기서 펼쳐지고 있다.

페루와 에콰도르의 국경에 있는 과야킬 만에는 매년 12월경이면 북쪽으로부터 유입된 난류로 인해 연안의 수온이 올라가 평소에는 볼 수 없던 물고기를 잡을 수 있었다. 페루 어민들은 이 축복을 스페인어로 아기 예수를 뜻하는 '엘니뇨El Nino'라 불렀다. 남미 연안은 평상시 페루 연안에서 부는 남풍에 의해 표층해류가 호주 연안으로 이동하므로 심층으로부터 찬 해수가 용승하는 지역으로, 연중 수온이 낮아 좋은 어장이 형성되어 있다. 그런데 알 수 없는 원인에 의해 무역풍이 약해

질 때가 있는데, 이로 인해 용승이 줄어들면서 페루 연안에서 엘니뇨가 발생하게 된다.

엘니뇨의 영향으로 페루 연안은 태평양 적도 부근의 따뜻한 해수가 밀려와 표층 수온이 0.5℃ 상승하는데, 문제는 이 현상이 심할 때는 수온이 7~10℃ 정도 높아진다는 것이다. 높아진 수온에 의해 영양염류와 용존산소는 감소된다. 그 결과 어획량이 줄어 어장이 황폐화되고, 상승기류가 일어나 중남미 지역에 폭우나 홍수의 기상이변이 일어난다. 이는 태평양 반대쪽인 호주 일대에 가뭄을 가져와 태평양 양쪽 모두에 이상 기상을 초래하고 농업과 수산업 전반에 큰 피해를 입히는 원인이 된다.

북극곰은 어디로 가야 하나?

북극의 기온이 평년보다 높아지면 빙하가 녹으면서 북극 바닷물의 염분 농도가 낮아진다. 북극의 빙하는 바닷물의 염분 농도를 높이는 역할을 하는데 빙하가 녹으면서 그 기능을 못 하고 있는 것이다.

소금의 농도가 높은 북극의 찬 바닷물이 농도가 낮은 따뜻한 남쪽 바다로 이동하면서 바닷물의 흐름이 생기게 된다. 하지만 북극의 얼음이 얼지 않는 이상 염분의 변화는 있을 수 없다. 이는 곧 바닷물의 흐름이 약

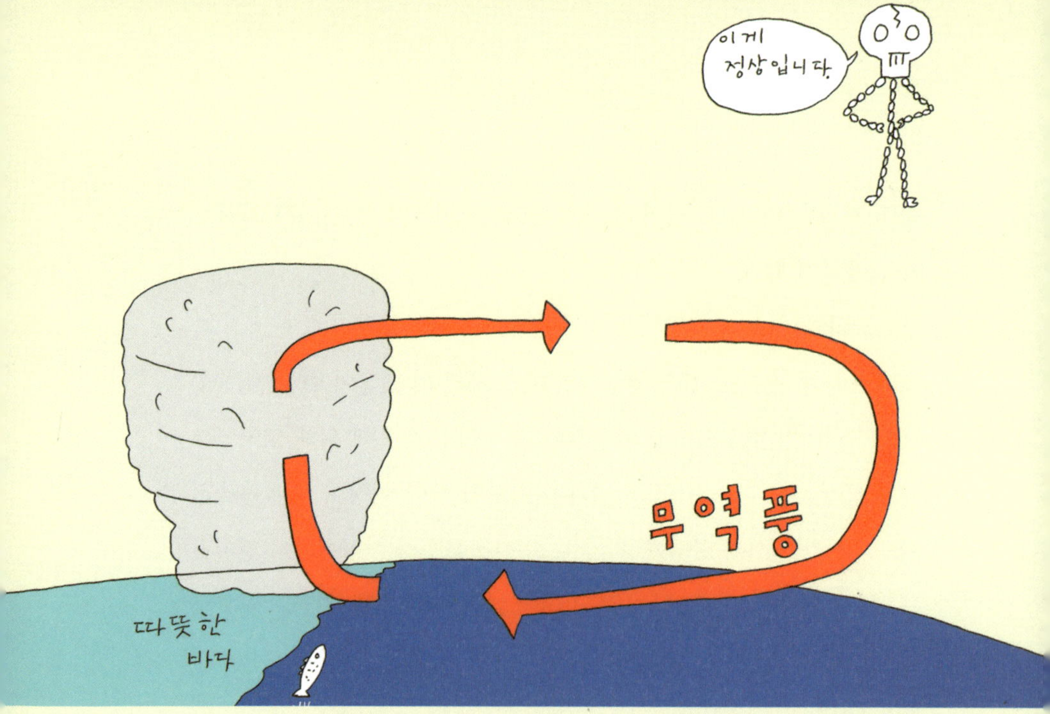

지구온난화의 원인은 아직까지 명확하게 규명되지 않았으나, 온실효과를 일으키는 온실기체가 가장 유력하게 거론되고 있다. 온실기체로는 이산화탄소가 가장 대표적이다. 온실기체 외에도 태양 방사선이 온도 상승에 영향을 준다거나, 오존층이 감소하는 것에 영향을 준다는 가설도 있다.

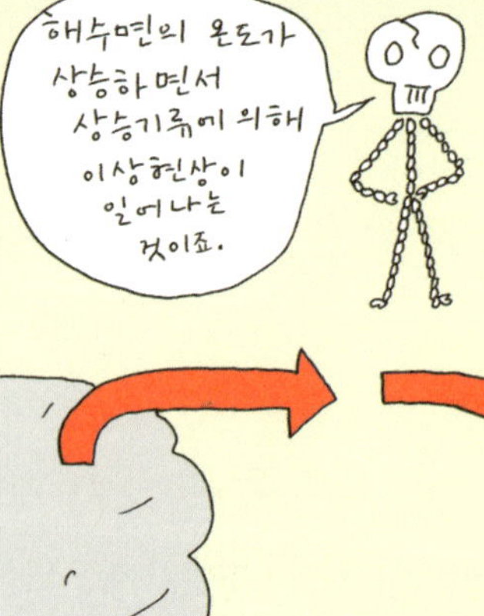

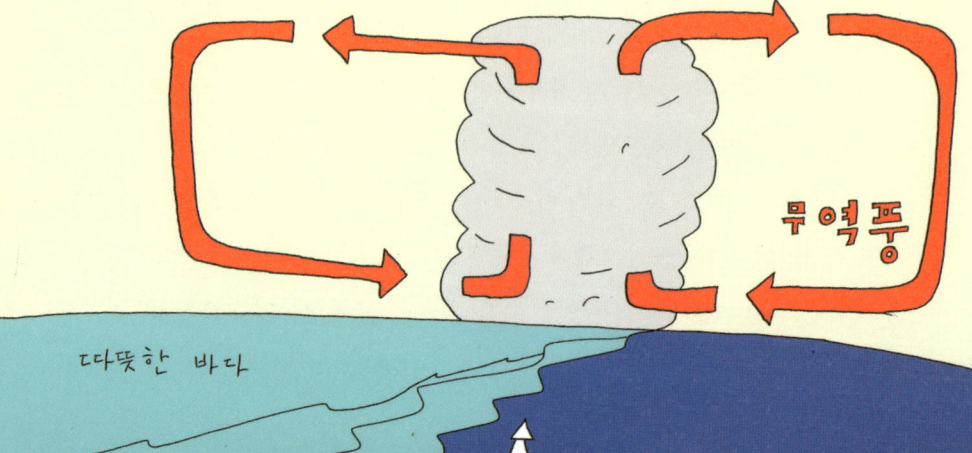

해짐을 뜻한다. 바닷물의 흐름은 한류와 난류를 형성해 대륙의 온도를 조절하는 중요한 기능을 해왔다. 북극에서 만들어진 한류와 적도 지방에서 만들어진 난류가 섞이면서 바닷물의 온도를 적절히 유지했다.

바닷물의 흐름이 바뀌면 어종 역시 바뀐다. 엘니뇨라 불리던 물고기 축제는 바로 이 바닷물의 흐름이 만들어낸 결과였다. 바닷물고기는 바닷물의 온도에 따라 이동하는데, 한류가 흐르던 바닷가에 난류가 흐르게 되니 평소 보이지 않던 물고기가 보이게 된 것이다.

하지만 평소보다 온도가 높아진 바닷물은 수분의 증발을 가져와 비정상적인 이동성 저기압을 만들고 이상 기온 현상을 불러일으켰다. 예전처럼 북극에서 얼음이 얼지 않기 때문에 바닷물의 흐름과 바다의 기후가 바뀌게 되었다. 이는 엘니뇨의 저주를 불러온 한 원인이기도 하다.

누가 온실 유리창에 돌을 던지나?

지구의 대기층을 유리창이라고 가정해보자. 유리창은 빛을 통과시키고 열은 차단한다. 빛이 유리창을 통과하는 이유는 파장이 짧기 때문이다. 열은 파장이 길기 때문에 통과하지 못한다. 지구의 대기층은 유리창과 같은 역할을 한다. 대기층이 지구의 기온을 유지시키는 것을 '온실효과'라고 한다.

태양으로부터 방출된 에너지는 지구에 도달한 후 다시 우주로 방출된다. 이때 대기권의 온실가스층에 의해 우주로 방출되는 양이 들어오는 양보다 적거나 같으면 지구의 온도가 일정하게 유지된다. 그러나 화석연료의 사용으로 온실가스층이 두꺼워지면서 지구에서 방출되는 에너지 양이 감소하면 지구의 평균기온이 오르게 된다.

화석연료의 과도한 사용으로 발생한 오존층 파괴는 자외선 문제를 불러일으켰다. 태양으로부터 오는 자외선은 파장이 짧기 때문에 투과율이 매우 높아 인체의 세포를 파괴하는 치명적인 문제를 발생시킨다. 기상학적으로 오존층이 흡수하는 자외선에너지는 대기를 가열시켜 기온의 역전 구조를 만들어낸다. 성층권이 제대로 기능하느냐의 문제는 오직 오존층의 가열 효과에 따른다. 오존의 대기 가열 효과는 위도에 따라 차이가 나기 때문에 이 차이를 해소하기 위해 성층권 대기에서 대규모 순환 운동이 일어난다. 이 대기 순환은 기후를 결정하는 요인의 하나다. 그런데 오존층이 파괴되면 이러한 순환에 영향을 미치게 된 것이다. 지구의 기상 변화에 직접적인 영향을 주고 있다는 말이다.

지구온난화는 거짓말?

지구온난화의 원인은 아직까지 명확하게 규명되지 않았다. 일부 학자들은 현재의 지구온난화가 100만 년 전부터 1,500년가량의 주기를 가지고 나타나는 자연적인 기후 변동의 하나라고 주장한다. 그들은 고대 로마인들이 이탈리아와 영국에서 자라던 포도나무가 점점 북쪽에서 서식한다는 사실을 기록했는데, 이는 기원전 200년부터 기원후 900년 사이에 지구온난화가 있었다는 증거라고 한다. 그들은 이 외에도 동물이나 인구의 변화를 알려주는 역사 기록, 나이테의 간격, 미라의 치아 속 산소 동위원소 등을 보면 900년에서 1300년까지는 '중세 온난기'로, 1300년부터 1850년까지는 '소小 빙하기'로 분류할 수 있다고 한다. 그러므로 1850년부터 현재까지는 '현대 온난기'라는 주장이다.

하지만 그들의 주장이 사실이라 할지라도 인간의 산업 활동이 지구온난화를 정상적인 수준보다 더 부추기고 있다는 사실은 부정할 수 없다.

지구온난화 방지를 위한 노력

지구온난화는 1972년 로마클럽 보고서에서 처음 공식적으로 지적되었다. 이후 1992년 6월, 브라질의 리우에서 '기후 변화에 관한 국제연합 기본 협약'이 채택되었고, 1997년 12월 교토에서 2000년 이후 선진국의 감축 목표를 주요 내용으로 하는 '교토 의정서'가 채택되었다. 교토 의정서에 따르면 의무 당사국들은 1990년 배출량을 기준으로 2008

년에서 2012년까지 이산화탄소 배출량을 평균 5% 수준으로 줄여야 한다. 감축에 성공한 나라들은 감량한 양만큼의 탄소배출권을 사고팔 수 있게 했다. 이산화탄소 배출량이 많은 기업들은 이산화탄소 배출 자체를 줄이거나 배출량이 적은 국가의 업체로부터 권리를 사야 한다. 한국은 2013년 2차 의무 대상국 지정이 유력해 보인다.

지구온난화를 해결하는 가장 근본적인 해결 방법은 온실가스의 배출량을 줄이는 것이다. 일상에서 온실가스의 배출량을 줄이기 위한 실천으로는 에너지 절약, 폐기물 재활용, 환경 친화적 상품 사용, 신에너지 개발 등을 생각해볼 수 있다.

누구나 자신만이 경험한 절대적 추위가 있겠지만, 내가 경험한 최고의 추위는 러시아 남쪽의 한 도시 미네랄니예보디 공항 대합실에서였다. 얼마나 추웠던지 밤에 먹으라고 항공사에서 내준 기내식이 꽝꽝 얼어버렸다. 다음 날 아침 설탕이 들어간 따뜻한 러시아 차와 보드카의 울컥한 열기는 무엇과도 바꿀 수 없었다.

Radioactivity story  | 알면 더 무시무시한
방사능 이야기

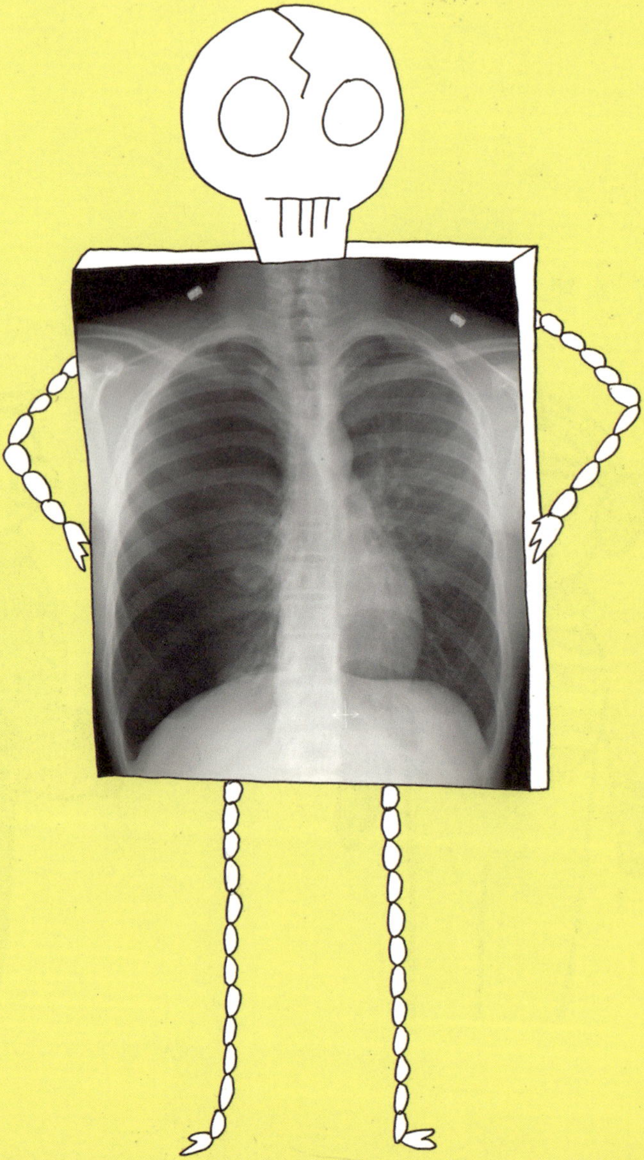

2011년 일본 후쿠시마 원전 폭발 사고가 발생하면서 우리나라에서도 방사능에 대한 우려가 큰 이슈가 됐다. 방사능 피폭 예방에 좋다는 소문으로 마트에서 미역과 다시마가 동이 나는가 하면, 한동안 전 국민이 방사능에 대한 공포에 시달렸다.

'방사능'이라는 이름을 인류에게 처음 소개한 사람은 퀴리 부인이다. 그녀는 1896년에 박사논문 주제로 우라늄에서 자연방출되는 에너지를 연구했다. 그리고 이를 방사능이라고 이름 지었다. 두 개의 새로운 방사능 원소를 찾아낸 그녀는 하나를 라듐, 다른 하나를 고국 폴란드의 이름을 딴 폴로늄이라고 불렀다. 퀴리 부인은 그 공로로 1903년 노벨 물리학상과 1911년 노벨 화학상을 수상했다. 그녀는 노벨상 최초의 여성 수상자이자 노벨상을 두 번 받은 첫 번째 과학자가 되었다.

퀴리 부인을 죽인 방사능

방사능은 퀴리 부인을 최고의 물리학자로 만들었지만 그녀의 죽음을 재촉하기도 했다. 라듐의 방사성은 우라늄보다 수백만 배 강하다. 원인 모를 피로와 폐렴이 그녀를 괴롭혔고 피부 또한 시커멓게 죽어갔다. 결과적으로 방사능에 관한 수많은 연구는 백혈구가 감소하는 악성 빈혈이 되어 그녀의 죽음을 앞당긴 것이다.

체르노빌 원전 사고를 통해 일정량 이상의 방사능에 노출되면 암이 발생할 수 있다는 사실이 밝혀졌다. 높은 에너지를 가진 방사능은 건강한 세포를 파괴한다. 이때 파괴된 세포를 통해 잘못된 유전 정보가 전달되어 돌연변이가 일어난다. 이 유전적 돌연변이 세포는 암을 발생시키는 원인이 된다.

원자로 사고나 원폭 실험, 원폭 투하 등에 의한 핵폭발은 대량의 방사성 '동위원소'를 발생시킨다. 우리 몸에 필요한 요오드와 방사능 요오드는 원자 번호는 같지만 질량수가 다르다. 한마디로 동위원소는 '짝퉁 원소'라 할 수 있다. 원전 사고로 발생한 방사능 짝퉁 요오드나 짝

튬 원소 세슘은 큰 문제를 일으킨다. 자연계에 존재하는 이들 원소는 안전하지만 핵반응에 의해 만들어진 동위원소들은 상당히 위험하다. 대부분 동위원소는 방사능 성질이 매우 강하면서 쉽게 사라지지도 않는다. 짧게는 며칠, 길게는 수십만 년 동안 지속된다. 이들은 그 긴 시간 동안 지속적으로 인간의 유전적 질환을 일으킨다.

가만히 있어도 방사능에 노출된다?

지구상의 모든 생명체는 방사능에 노출된 채 살아가고 있다. 우리가 숨 쉬는 공기에도 방사능이 존재한다는 사실을 알고 있는가? 여기서 문제는 방사능 양이다. 바다 표면은 방사능 강도가 낮고, 고도가 높은 곳은 방사능 강도가 높다. 예를 들어, 한라산 정상은 바다 표면에 비해 방사능 강도가 두 배 더 높다.

비행기를 여섯 시간 타면 가슴 엑스레이X-ray를 한 번 찍는 것과 맞먹는 양의 방사능에 노출된다. 당연히 비행시간이 길어지면 방사능 노출양은 증가한다. 그 원인은 높은 고도에 있는 비행기가 우주로부터 더 많은 우주방사선을 받기 때문이다.

일반인들의 연평균 방사능 피폭량은 2.6mSv 정도다. 지역에 따라 세 배 정도 차이가 나는 곳도 있다. 5,000시간 이상 근무한 비행기 승무원

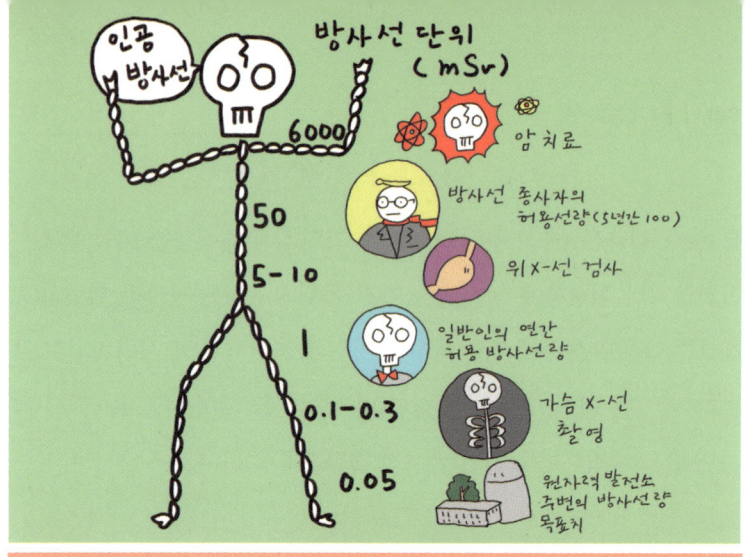
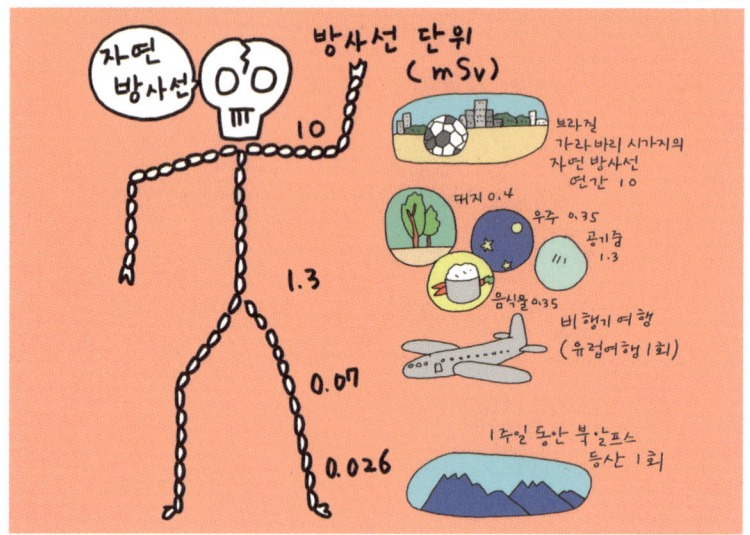

자연에 존재하는 방사성 물질의 방사능을 자연방사능, 인공적으로 만들어진 방사성 물질의 방사능을 인공방사능이라 한다. 한국 사람이 받는 자연방사선 선량은 연간 3.04mSv 정도로 알려져 있다. 원자력안전법에서 정한 연간 선량 한도는 1mSv인데, 여기에는 자연 방사선 피폭 선량은 포함하지 않는다.

은 연간 9mSv 방사능 피폭량을 기록한다. 항공기 승무원이 비행 근무 시간을 엄격히 제한받는 이유가 여기에 있다.

우리나라에는 방사능 온천이 있다

방사능은 다양한 곳에서 사용되고 있지만 의학 분야에서 제일 많이 사용된다. 방사능이라는 말을 모르는 사람이라도 병원에서 한 번쯤은 엑스레이 촬영을 해본 적이 있을 것이다. 엑스레이는 방사선의 일종으로 방사능을 이용한 것이다. 이외에도 암을 진단하거나 PET, CT, 치료 Gamma knife하는 데에도 방사능이 이용된다.

1970년대에서 1980년대까지 신혼여행지로 각광을 받은 유성온천에 가보면 '방사능 온천'이라는 팻말을 볼 수 있었다. 방사능 온천은 라돈과 트론을 함유한다. 대덕에 있는 유성 온천이나 설악산 근처의 척산 온천에 가보면 '라돈탕'이라고 적혀 있다. 고에너지인 방사선을 많이 쬐면 인체에 해롭지만 온천수나 광물에서 나오는 소량의 자연방사선은 오히려 세포를 활성화시켜 자연 치유력을 높인다.

방사능 물질인 라돈과 트론은 상온에서 기체로 날아가버린다. 기체 형태이기 때문에 호흡으로 체내에 들어가기 쉬운 반면에 들이마시더라도 곧바로 배출된다. 또한 방사능은 투과력이 극히 약해 음식물에 흡수

되거나 인체 조직의 피폭량이 매우 적다. 지극히 짙은 농도가 아니라면 안심해도 될 정도다. 음료로 마시면 배뇨 기능이 활발해져 요로 계통에 좋다고 한다.

방사선에 적당히 노출되면 생명체의 생리활성이 촉진된다는 방사선 호르메시스 현상을 주장하는 과학자도 있다. 많은 양은 독해가 될 수 있지만, 적은 양은 신체 조직을 자극해서 생명체의 활동을 활발하게 할 수 있다는 것이다. 다시 말해 라돈을 적당량 사용하면 피부를 자극하여 신체의 신진대사를 향상할 수 있다는 얘기다.

안을 수도 없고 버릴 수도 없는 원자력발전

2011년 가동되고 있는 원자력발전소는 미국이 104기, 프랑스 58기, 일본 55기, 러시아 32기 그다음이 대한민국으로 21기다. 국가 면적에 대비해서 밀도로 치면 일본 다음인 세계 2위다. 그만큼 우리나라는 원자력 의존도가 높다. 그리고 현재 우리나라에서는 5개의 원자로가 추가로 건설 중이고 이후 6개를 더 건설할 계획이다. 이 모든 원자로가 다 건설되면 우리나라 원자력발전소는 총 32기가 된다.

독일은 체르노빌 원전 사고 이후 장기적인 폭발 위험이나 방사능 폐기물의 보관 등의 이유로 원자로를 폐쇄하거나 더 이상 건설하지 않고 있다. 최근에 큰 피해를 입은 일본 역시 국민들이 원자력이라는 것에 대해 매우 강하게 반대하고 있다. 전 세계적으로 원자력발전소를 줄이고 있는 추세다.

우리나라는 일본처럼 지진의 위험에서 안전할 수 없다. 일본도 지진이 일어난 후 쓰나미가 원자력발전소를 덮쳐 큰 재앙으로 이어졌다. 원자력발전소 자체의 노후도 직접적인 문제지만, 일본의 경우와 같이 지진이나 쓰나미로 인한 2차적인 피해로 원자력발전소가 파괴될 수 있다. 원자력발전은 지난 30여 년 동안 우리나라의 전력 공급의 주축으로 성장해왔고, 현실적으로 빠른 시일 내에 원자력발전소를 폐쇄하기는 어려워 보인다. 당분간은 원자력발전이 가진 위험성을 안고 가야만 한다. 일본 원전 사고는 원자력 안전성에 대한 초유의 경각심을 불러일으켰고, 우리나라 원전의 안전 현황을 점검하게 하는 계기가 되었다. 원자력발전의 제일 원칙은 효율이 아니라 안정성이라는 사실을 늘 기억해야 한다.

한때 일본의 이바라키 현에 있는 츠쿠바 시에 살았던 적이 있다. 그곳은 원전 사고가 일어난 후쿠시마에서 약 120km 떨어진 곳이다. 국립연구소가 많아 우리나라 대덕이나 유성을 연상시키는 곳이기도 하다. 내가 살던 곳은 변두리 지역으로, 관사에서 조금만 나가면 이바라키 평야가 펼쳐져 있었다. 봄이면 딸기가 유명했고, 여름이면 개구리 울음소리에 잠을 못 이뤘다. 겨울에는 바닷가에 나가 맛있는 아귀를 먹었다. 아귀탕을 다 먹고 난 다음에는 밥을 넣어 죽으로 만들어 먹고, 그 기운으로 다가올 일 년을 버틸 수 있었다. 주말이면 가족끼리 도시락을 싸 들고 바닷가에 나가 낚싯대를 드리우던 그 아름다운 곳이 지난 원전 사고로 방사능에 오염되었다는 소식을 들었다. 무서운 해일이 내 마음에 몰아치는 듯했다.

| Wind story | 지구 여행자, 바람 |

바람이 분다 서러운 마음에 텅 빈 풍경이 불어온다
- 이소라, 〈바람이 분다〉 중

날이 저문다 바람이 분다
바람이 불면 한잔해야지
붉은 얼굴로 나서고 싶다
슬픔은 아직 우리의 것
- 이시영, 〈바람이 불면〉 중

예술가들은 수많은 자연현상 중에서도 특히 바람을 사랑한 것 같다. 어떤 시인은 노래했다지 바람이 불면 자신의 영혼이 펄럭인다고. 바람은 사람의 마음을 격정적으로 만들고 심경에 변화를 일으킨다. 하지만 때로는 모진 바람이 맑고 강한 마음을 구별하게 하는 역할도 한다.

바람이 불어오는 곳

바람은 기압 차이로 인해 움직이는 공기를 말한다. 그중에서도 특히 위아래가 아닌 수평으로 움직이는 공기를 흔히들 바람이라고 한다.
기압차가 생기는 원인은 여러 가지가 있지만, 일반적으로 바다와 육지에서 햇빛을 받을 때 따뜻해지는 정도의 차이, 즉 수열량受熱量의 차이에 의해 소규모의 기압차가 발생한다. 육풍과 해풍은 여름철에 두드러지게 볼 수 있는 현상이다. 바람이 약한 여름철에 육지와 바다의 수열량 차이에 의해 해안 지방에서 낮에는 바다에서 육지로 해풍이, 밤에는 육지에서 바다로 육풍이 불게 된다.
일기도에서 볼 수 있는 고기압이나 저기압에 수반되는 대규모의 기압차는 위도에 따른 기온차가 원인이 되거나 지구 자전에 의한 전향력이 공기에 작용하기 때문이다.
우리나라에 불고 있는 계절풍을 조사해보면 11월과 3월 사이에는 북서계절풍이 불고, 5월과 9월 사이에는 남동계절풍이 불며, 환절기인 4월과 10월경에는 뚜렷한 방향의 바람이 없다. 겨울 계절풍은 풍력이 강하고 한랭건조한 데 비해 여름 계절풍은 풍력이 약하고 고온다습하다. 그래서 우리나라는 겨울에 몹시 춥고, 여름에 몹시 덥다.

사람이 하늘을 날 수 있을까?

하늘을 나는 원리를 물리학적으로 설명하는 것은 간단하다. 비행기는 날개와 바람이 있으면 날 수 있다. 바람이 없는 곳에서는 프로펠러나 제트엔진을 이용해 바람의 속도로 바람을 만들면 된다. 사람이 날고 싶다고? 역시 간단하다. 등에 날개를 달고 바람처럼 달리면 된다. 문제는 하늘에서도 계속 달려야 한다는 것이다. 하지만 이것은 현실적으로 불가능하다. 그래서 글라이딩을 하는 것이다. 글라이더처럼 바람을 만나면 계속해서 날 수 있다.

날개에 바람의 압력차가 생기게 되면 어떤 물체도 하늘을 날 수 있다. 물론 날개 위쪽의 압력이 낮아야 한다. 헬리콥터의 날개가 끊임없이 아래로 바람을 보내는 것도 날개 위쪽의 압력을 낮추기 위해서다. 모든 물리 법칙에는 높은 데서 낮은 곳으로 향하는 힘이 존재한다. 낮은 곳이 높은 곳보다 물리적으로 안정적이기 때문이다. 이 원리를 물리학적으로 밝힌 사람이 베르누이다. 그래서 이를 베르누이 원리라고 부른다.

야구장에서 만난 베르누이 원리

베르누이 원리는 야구장에서도 발견할 수 있다. 야구장에 가면 투수들이 공을 손바닥으로 박박 문지르는 모습을 보게 된다. 어떤 투수는 야구공의 실밥을 이리저리 만지면서 어떤 변화구를 던질까 고민한다. 그러다 간혹 손톱으로 야구공에 흠집을 내거나 흙을 묻힌다든지 몰래 실밥을 터트린다. 그런데 그런 행동들은 반칙이다.

변화구는 회전하는 공 주위로 공기의 흐름이 바뀌고, 이 압력차의 힘으로 인한 쏠림 현상 때문에 발생한다. 이때의 쏠림을 만들어내는 핵심 요인 중 하나가 바로 야구공에 있는 실밥이다. 야구공 실밥의 어느 부분을 잡고, 어떤 속도와 방향으로 회전시켜 던지느냐에 따라 커브볼이 될 수도 있고, 포크볼이 될 수도 있다. 물론 잘만 던지면 마구魔球가 될 수도 있다.

얼마 전 한강이 흙탕물로 변한 모습을 보고 베르누이 원리가 생각났다. 상류의 강을 파헤친 상태에서 비가 오니 강물 흐름이 변할 수밖에 없는 것이다. 베르누이 원리에 따르면 강물의 흐름은 폭이 넓은 곳을 지날 때 완만하게 흐르다가, 폭이 좁은 곳을 지나면 좁은 만큼 빨라진다. 다리 밑의 물살이 빨라지는 것을 보면 쉽게 알 수 있다. 강을 둑이나 보로 막으면 폭이 좁아져서 연약한 가장자리가 힘을 받게 되고, 심할 경우 무너져 떠내려갈 수도 있다. 만약 강바닥을 깊이 팠다면 강바

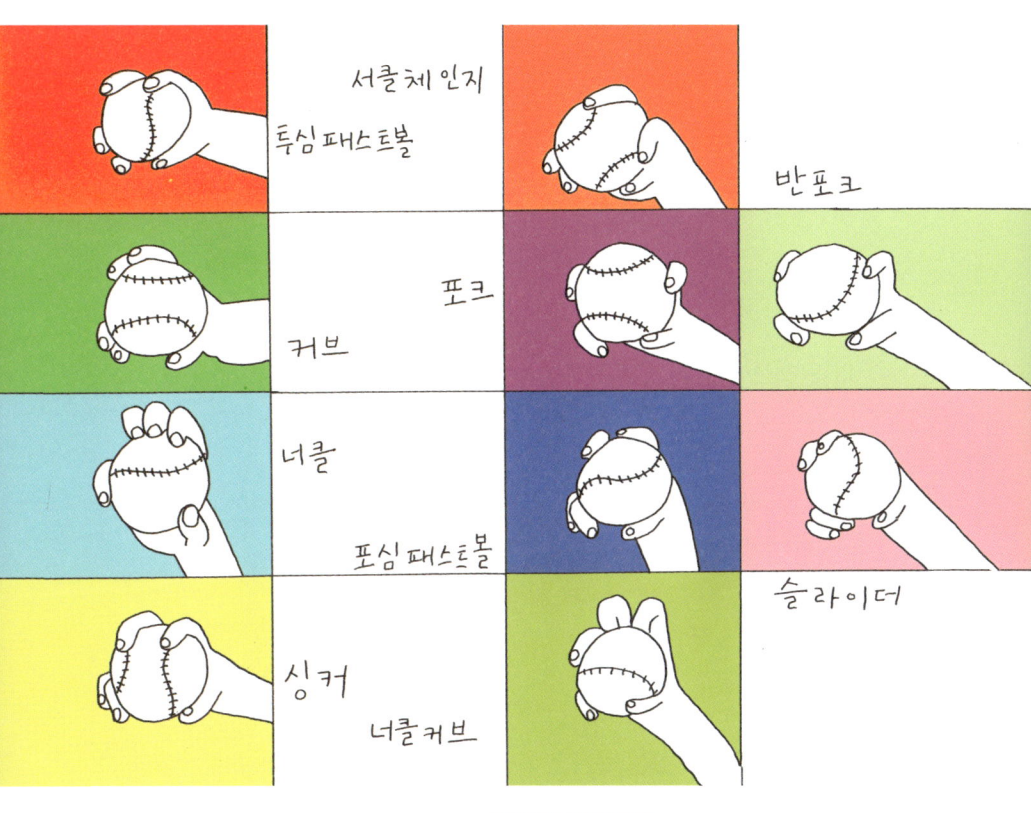

변화구는 야구공을 회전시켜 공 주위의 공기 흐름을 조절해 만든다. 야구공 주위에 있는 공기의 압력 차이를 만들면 공은 압력이 낮은 쪽으로 휜다. 야구공을 시계 방향으로 회전하도록 던지면 야구공 오른쪽의 공기 흐름이 왼쪽에 비해 더 빨라진다. 결국 야구공의 오른쪽 압력이 낮아져서 오른쪽으로 휘게 된다.

닥의 압력이 증가해 지반이 이기지 못하고 떠내려와 흙탕물을 만들었을 것이다. 물속의 압력은 깊이에 따라 증가한다.

자연의 물리적 이치의 핵심은 평형상태를 유지하려는 것에 있다. 에너지가 높으면 낮은 곳으로 향해 평형상태로 만든다. 강물의 흐름 역시 에너지보존법칙을 따른다. 우리가 보기에 강물이 아무 생각 없이 무심하게 흐르는 것 같아 보여도 실은 그렇지 않다. 에너지보존법칙에 따라 가장 안정된 에너지 상태를 만들면서 구불구불 흐르고 있는 것이다. 물론 이 흐름을 바꿀 수는 있다. 잘하면 더 안정된 상태가 될 수도 있기 때문이다. 하지만 무리하게 설계하면 재앙을 초래할 수 있다. 그리고 그 파괴력은 어느 누구도 막을 수 없다.

바람을 이용한 대체에너지 개발

자연 파괴와 지구온난화의 주범으로 화석연료가 지목되면서 대체에너지로 각광받고 있는 것이 풍력발전이다. 풍력발전은 바람이 가진 힘을 회전력으로 전환시켜 전기에너지로 만드는 발전 방식으로 신재생에너지 분야에서 경제성과 기술 성숙도 면에서 세계적으로 가장 빠른 성장 속도를 보이고 있다. 우리나라에서도 강원도 대관령이나 제주도에 가면 약 10여 대의 풍력발전 설비가 가동 중인 것을 볼 수 있다.

풍력을 이용해 효율적으로 전기에너지를 얻기 위해서는 초속 5m 이상의 바람이 지속적으로 불어야 한다. 그래서 풍력발전소는 주로 사막이나 바다와 가까운 지역에 많다. 최근의 풍력발전기는 풍력에너지의 약 30%를 발전기를 돌리는 에너지로 전환시킬 수 있다고 한다. 풍력발전기의 출력은 터빈의 크기와 바람의 속력에 따라 정해진다. 바람은 고도가 높을수록 강하게 불기 때문에 더 큰 에너지를 얻으려면 기둥을 높이 세워야 한다. 대형 풍력발전기 중에는 높이가 100m나 되는 것도 있다.

타코마 다리의 운명

1940년 11월 7일 미국 워싱턴 주 타코마 해협에 놓인 다리가 바람에 어이없이 무너져 내렸다. 당시 사람들은 이 다리를 세상에서 가장 아름다운 다리라고 격찬했다. 타코마 다리는 시속 190km의 강한 바람에도 견딜 수 있도록 설계되어서 당시 미국 토목 기술의 자존심이라 불렸다. 하지만 타코마 다리는 완공 3달 만에 시속 70km의 바람에 맥없이 무너져 내리고 말았다. 원인은 공명 현상에 있었다. 물리학자들은 다리가 풍속 15m/s나 60m/s에도 견뎠지만 유독 19m/s일 때 흔들리는 장면에 주목했다. 이 바람은 다리가 가진 고유진동수와 작용하여 엄청난 파괴력으로 나타났다. 이 사건을 계기로 건축가들은 바람과 구조물의 진동을 중요한 변수로 고려하게 되었다.

초등학교 시절 나는 야구 선수였다. 포지션은 포수. 덩치가 커서 포수가 되었던 것은 아니고, 당시 캐처 글러브를 가진 사람이 나밖에 없었다. 어머님께서는 같은 값이면 제일 튼튼해 보이는 것으로 사자고 했다. 그것이 바로 내가 쓰게 된 캐처 글러브였다. 그런데 내가 포수가 아닌 투수를 했으면 잘했을까 싶다. 지금처럼 베르누이 원리를 이용해서 무시무시한 변화구를 던졌을까? 물론 아니다. 당시에는 베르누이 원리라는 것도 몰랐고, 알았다고 해도 변화구를 던지는 것이 그리 만만한 일이 아니다. 야구도 인생도 앞이 시작이지 끝은 아니다.

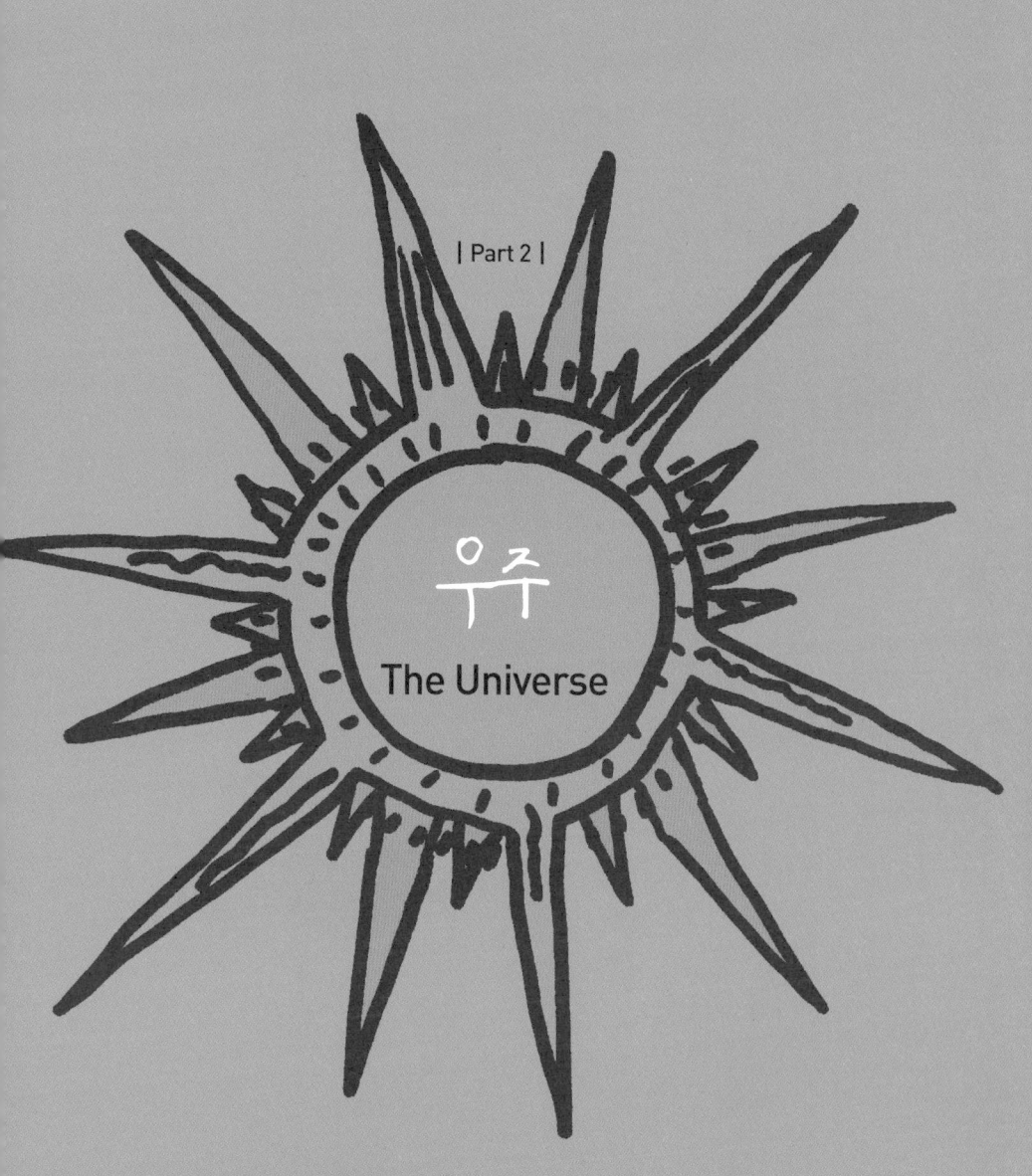

| Part 2 |

우주

The Universe

| Black hole story |  | 파괴와 창조의
두 얼굴, 블랙홀 |

별을 바라보는 일이 외로운 일이라는 것을 알게 된 것은 폐허가 되어버린 산 정상의 관측소를 방문하고 난 후였다. 1990년 겨울 나는 그곳을 찾았다. 녹이 슨 지붕의 해치와 난방이 안 되는 관측소의 겨울. 떨어져나간 창문들, 산 정상의 정적과 추위, 사람들이 떠난 관측소는 마치 죽은 별처럼 황막하기 그지없었다. 현기증이 날 정도의 어둠 속에서 그들이 찾은 것은 무엇일까?

1950년에서 1960년 사이 아르메니아 코카서스 산맥 정상에는 블랙홀 관측소가 있었다. 당시 수많은 천체물리학자들은 잘 만들어진 천체망원경을 들고 오염이 되지 않은 산 정상으로 향했다. 지금은 천체망원경을 우주선에 실어 보내 관측하는 시대가 되었지만, 당시는 구름 위에 자리 잡은 산 정상이 그나마 우주와 맞닿은 곳으로 별을 관측하기에 적격인 장소였다.

블랙홀은 어떻게 만들어졌나?

초신성이 죽으면서 발하는 빛은 무척 강해서 마치 별이 새롭게 태어나는 것처럼 보인다. 초신성의 죽음으로 인해 별의 중심핵은 엄청난 압력으로 수축된다. 이때 그 중심에 있는 핵 속에 새로운 별이 만들어진다. 이 별을 중성자별이라고 한다. 중성자별은 태양 정도의 질량이 아주 작은 면적에 압축되어 있는 별이라고 보면 된다. 밀도가 무척 큰 별인 것이다. 중성자는 전기적으로 중성이고 질량이 전자에 비해 무척 무거운 입자를 말한다. 그런데 초신성이 폭발해 태양 정도의 질량이 아주 작은 크기로 만들어지고, 그 중력에 의해 붕괴되면 중성자별이 아닌 블랙홀이 된다.

신의 입자라고 불리는 '힉스 입자'를 발견해 유명세를 떨친 유럽입자물리연구소CERN의 강입자가속기LHC 실험은 한때 격렬한 반대에 부딪혔다. 일부 사람들이 강입자가속기를 통해 양성자와 같은 작은 입자가 빛의 속도로 가속되어 충돌하면서 발생하는 엄청난 에너지로 블랙홀이 생성돼 지구가 빨려 들어갈 수 있다고 주장했던 것이다. 하지만

블랙홀이란 별이 극단적인 수축을 일으켜 밀도가 매우 증가하고 중력이 굉장히 커진 천체를 말한다. 일반상대성이론에 근거를 둔 것으로, 물질이 극단적으로 수축하면 그 안의 중력은 빛, 에너지, 물질, 입자 어느 것도 탈출하지 못할 만큼 강해진다.

강입자가속기에서 블랙홀이 만들어질 가능성은 거의 없다. 생성된다 해도 질량이 작기 때문에 빨아들이는 힘도 작고 금방 소멸될 것이다.

블랙홀이라는 이름은 누가 지었을까?

모든 물체 사이에 작용하는 서로 끌어당기는 힘을 만유인력이라고 한다. 세상의 모든 물질에는 만유인력이 작용한다. 중력은 지구가 우리를 끌어당기는 힘을 말한다. 지구가 중력을 잃는다면 사람도 서 있을 수 없고, 공도 우주로 튀어나갈 것이다. 지구보다 질량이 가벼운 달은 중력이 약하다. 하지만 목성은 지구보다 중력이 더 강하다. 중력이 큰 별이 있다면 어떻게 될까? 상상할 수 없는 정도의 질량과 밀도를 가진 물질이 존재한다면 상상할 수 없을 정도의 힘으로 주위를 끌어당길 것이다. 천체물리학자 존 휠러는 1969년 이런 보이지 않는 별, 얼어붙은 별을 '블랙홀'이라고 불렀다.

블랙홀은 그다지 검지 않다

'얼어붙은 별', '붕괴된 별'과 같은 이상한 이름으로 불리며 모든 것을 빼앗는 사악한 이미지를 가진 블랙홀이 착한 면도 가지고 있다고 주장하는 사람이 있다. 그는 유명한 스티븐 호킹 박사다. 호킹은 블랙홀이 무궁한 에너지를 방출하는 탱크로 간주해도 될 만큼 남에게 베푸는 성격도 가지고 있다고 주장한다. 그는 이런 면을 '블랙홀은 그다지 검지 않다Black holes ain't so black'라고 표현했다. 1973년 그는 '블랙홀은 검은 것이 아니라 빛보다 빠른 속도의 입자를 방출하며 뜨거운 물체처럼 빛을 발한다'는 학설을 내놓았다.

호킹의 이론에 따르면 빅뱅 직후 현미경으로도 볼 수 없는 아주 작은 '원시 블랙홀'이 무수히 많이 태어나야만 한다. 이 원시 블랙홀의 질량은 10만 분의 1g보다 크면 된다. 이러한 원시 블랙홀은 초속 수백km의 속도로 우주공간을 날아다니면서 웬만해서는 다른 천체들에게 포획되지 않는다. 하지만 만에 하나 양성자만한 블랙홀이 지구와 충돌한다면 혜성이나 소행성이 지구에 충돌하는 것과 거의 비슷한 피해를 줄 수도 있다고 한다.

보이지 않는 별 블랙홀

태양에 의존해서 살아가는 인간의 입장에서는 빛까지 빨아들이는 블랙홀의 존재가 공포일 수밖에 없다. 질량을 가진 모든 물체와 에너지는 블랙홀로 끌려 들어간다. 그리고 그 힘으로부터 절대 벗어날 수 없다. 얼어붙은 별, 블랙홀이 지금도 우주 곳곳에서 초신성의 폭발로 만들어지고 있다. 어느 누구도 경험해보지 못했기 때문에 블랙홀의 시공간의 실체에 대해 이야기할 수는 없다. 하지만 존재하는 공간, 우주라는 기묘한 시공간의 역사 속에 살고 있는 우리들인지라, 문득 우리 자신이 또 다른 블랙홀에서 살고 있지나 않은지 상상해본다.

얼마 전 암흑물질을 주제로 한 세미나가 있었다. 노벨 물리학상을 받은 주제여서 특별히 강사 한 분이 초대되었다. 생각보다 많은 학생들이 그 강연에 모여들었다. 강연이 끝나고 수많은 질문이 이어졌다. 현상론적인 질문이 많았으나 그에 대한 답은 과학적 사실이므로 쉽게 답을 찾을 수 있었다. 예를 들어, 우주를 둘러싸고 있는 물질 중에 우리 눈에 보이는 물질은 4%에 불과하다는 사실, 나머지 보이지 않는 물질, 우리가 정확히 알 수 없는 암흑물질이 23%이고, 암흑에너지가 73%다. 이는 미국항공우주국NASA의 우주배경복사탐사선이 12개월 동안 빅뱅의 흔적인 우주배경복사를 관측한 실험 결과다.

| Dark matter story | 우주를 꽉 채운 정체불명의 암흑물질 |

뉴턴의 중력이론과 아인슈타인의 일반상대성이론이 등장하면서 우주론은 신학이나 철학의 영역에서 과학의 영역으로 들어오게 되었다. 뉴턴이나 아인슈타인은 무한하고 정적인 우주를 선호했다. 하지만 이러한 우주는 '벤틀리의 역설Bentley's paradox'이나 '올버스의 역설Olbers' paradox'과 부딪히게 된다. 뉴턴이 만유인력의 법칙을 발표하자 성직자였던 리처드 벤틀리는 1692년에 뉴턴에게 한 통의 편지를 보내 '만약 중력이 인력으로만 작용한다면 우주 안의 모든 것들은 서로를 끌어당겨 우주가 붕괴할 것'이라는 사실을 지적했다.

인간이 생각한 우주

미국의 천문학자 허블이 우주가 팽창한다는 사실을 발견하기 이전에 사람들은 우주를 영원불변한 것으로 보았다. 아인슈타인도 처음에는 우주가 서서히 팽창하고 있다는 사실을 믿지 않았다. 아니 그 사실을 마음에 들어 하지 않았다는 표현이 더 옳을지도 모른다. 아인슈타인은 우주가 무한하고 변함없을 것이라는 뉴턴의 생각을 확고하게 믿었다. 그러나 그러한 우주의 모형을 설정하면 결국 우주는 수축하여 찌그러지고 말았다. 그는 우주가 팽창하거나 수축하지 않는 상태를 만들어주는 물리 법칙이 있을 것이라고 확신했다. 시간과 공간이 질량의 영향을 받는 것처럼 국부적인 변화는 있을 수 있어도 현재 펼쳐진 우주의 상태에 영향을 미치는 변화는 존재할 수 없다는 생각이 확고했다. 그래서 아인슈타인은 그 유명한 우주방정식에 '우주상수'를 추가했다. 이것은 서로 끌어당기는 힘인 중력을 상쇄하는 알 수 없는 반발력으로서 이것 때문에 우주 전체가 역동적으로 변하지 않는다고 믿었다.

신이 창조한 우주

가톨릭교회 신부이자 벨기에에서 가장 유명한 천문학자 조르주 르메트르 신부는 교황청 과학학회에서 제일 유명한 사람이자 미식가이기도 했다. 그는 아인슈타인의 우주방정식에 나타난 난데없는 '우주상수'에 대해 이유를 찾을 수 없었다. 그는 신이 최초의 우주를 '시원의 원자'로 창조했음을 확고히 믿었다. 비유하자면 한 알의 도토리가 떡갈나무로 변화하는 것과 같이 우주는 성장하고 팽창을 계속해야 했다. 하지만 아인슈타인은 르메트르 신부가 생각하는 '시원의 입자'에 대해서는 아무런 생각이 없었다. 한 발 더 나아가 '시원의 입자'에서 창조된 우주의 순간을 찾는 것이 매우 우스꽝스러운 일이라고 생각했다. 당시 어느 누구도 아인슈타인의 이론이 틀렸다고 반박할 사람은 없었다.

아인슈타인 일생일대의 실수

르메트르 신부는 뜻밖의 소식을 전해 듣는다. 마치 오래된 서랍 속에서 도토리 알을 찾은 느낌이었다. 허블이 우주가 팽창한다는 사실을 발견했다는 소식을 듣게 된 것이다. 허블은 당시 천문대에서 은하의 빛들이 적색이동하고 있다는 점을 발견했다. 이것은 우주가 팽창하고 있다는 증거일 수밖에 없었다.

르메트르 신부는 아인슈타인을 허블이 우주팽창을 관측한 윌슨 천문대로 초청하기 위해 수단과 방법을 가리지 않았다. 그리고 결국 강연회를 열었다. 여기서 아인슈타인은 허블의 관측을 인정하게 된다.

"내가 들은 것 중에 가장 아름답고 만족스러운 해석이다."

아인슈타인은 '우주상수'를 만들어낸 것이 자신의 일생일대 실수였다고 인정한다. 르메트르 신부가 이야기한 "어제가 존재하지 않는 날 우주는 창조되었다"는 주장은 당대 가장 위대한 과학자들의 지지를 받았다. 그 '어제가 존재하지 않는' 순간이 137억 년 전으로 밝혀진 것이다.

유령처럼 떠도는 우주상수

현존하는 최고 물리학자인 스티븐 와인버그는 1987년 '인류 원리'로 우주상수 문제를 설명하는 논문을 쓰기도 했다. 우주상수는 우주 공간 자체가 가지는 진공에너지로서 우주의 팽창에 결정적인 영향을 미친다는 주장을 폈다. 우주상수가 양수로 아주 크게 되면 우주의 팽창이 가속되고, 반대로 이 상수가 음수로 아주 크면 우주가 팽창을 멈추고 중력 수축을 시작한다. 이 값은 매우 작지만 0이 아닌 양수로 알려져 있다. 이 값은 양자역학적으로 생각할 수 있는 자연스러운 값보다 무려

10^{120}배 0이 120개나 붙어 있다 정도 작다고 알려져 있다. 즉 우리가 살고 있는 우주는 10^{120}배 정도의 정밀도로 미세 조정되었다는 주장이다. 그는 이 우주상수가 암흑에너지와 연관이 있다고 이야기한다.

그 후 사울 펄무터, 브라이언 슈미트, 애덤 리스 교수는 우주 암흑에너지의 존재를 증명해 2011년에 노벨 물리학상을 수상했다. 그들은 "가까운 우주부터 먼 우주에 있는 초신성들이 멀어지는 속도를 관측한 결과"라고 말한다. 이전에는 우주가 팽창하는 속도가 일정하다고 생각했다. 그래서 당연히 초신성이 멀어지는 속도도 일정해야만 했다. 하지만 관찰 결과 초신성이 멀어지는 속도는 점점 빨라졌다. 원인은 바로 암흑에너지였던 것이다. 암흑에너지는 우주 팽창을 가속시키는 원동력이다. 그들은 우주의 가속 팽창 이론으로 우주를 새롭게 보는 전기를 마련했다. 우주 팽창을 가속시키는 '어떤' 에너지가 존재할 것이라는 확신을 남긴 것이다.

암흑물질은 무엇인가?

물리학자들은 눈에 보이지 않고 정체를 확인할 수 없는 물질이나 에너지에 '암흑'이라는 말을 붙인다. 그래서 정체를 모른다는 뜻에서 이 에너지를 '암흑에너지'로 부르고 있다. 우리가 눈으로 확인하여 알고

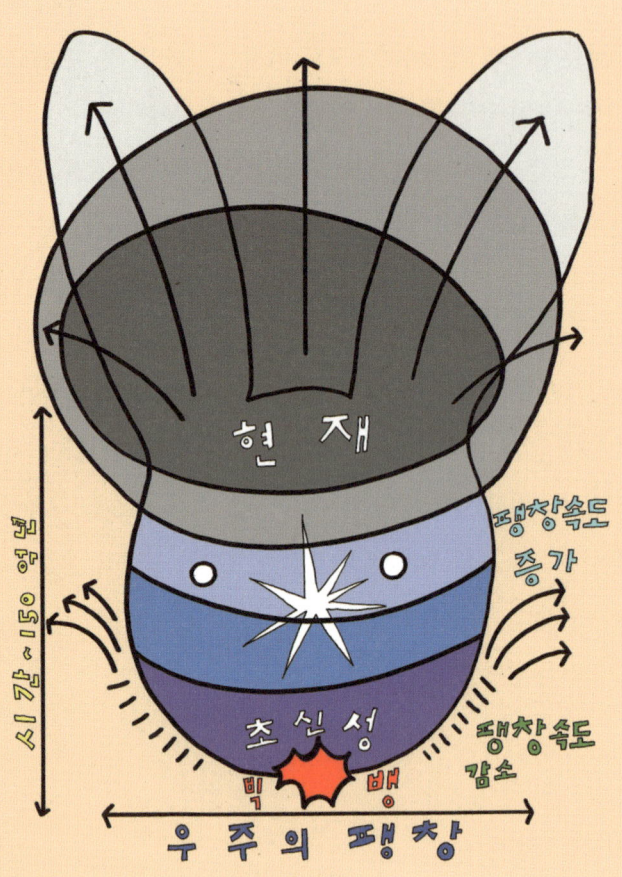

암흑물질이란 우주를 구성하는 총 물질의 90% 이상을 차지하고 있고, 전파, 적외선, 가시광선, 자외선, X선, 감마선 등과 같은 전자기파로도 관측되지 않고 오로지 중력을 통해서만 존재를 인식할 수 있는 물질을 말한다.

있는 물질은 우주 전체의 4% 정도다. 물질이라고 할 수는 있으나 그 정체를 모르는 물질이 약 23%다. 이 물질을 우리는 '암흑물질'이라고 한다. 나머지 73%는 무엇인가? 이들은 물질과 전혀 다른 정체를 알 수 없는 에너지로 존재한다. 정체를 알 수 없으므로 당연히 '암흑에너지'로 존재한다.

암흑물질과 암흑에너지의 정체를 밝히는 일은 앞으로 물리학에서 가장 중요한 과제다. 하지만 존재를 볼 수도 없고, 만질 수도 없는 물질과 에너지를 어떻게 관측하고 밝혀낸단 말인가? 지금 지구와 우리 몸을 관통하고 있을지도 모를 우주를 채우고 있는 암흑물질과 에너지, 물리학자들은 이런 보이지 않는 도전에 임하고 있다.

 칠흑 같은 어둠의 세계에서는 감각만이 살아 있다. 달이 없는 그믐. 불빛이 사라진 곳에는 별빛만이 존재한다. 보이지 않고 만질 수 없고 느낄 수 없는 물질과 에너지. 이런 존재가 우리와 함께하고 있다는 것 자체가 흥미롭다.

요즘 미국의 국립항공우주국은 힘이 점점 빠지고 있다. 정부의 예산이 삭감되니 추진하고자 하는 우주과학 프로젝트들이 속속 중단되고 있다. 국가의 지원에 의존할 수밖에 없는 우주 프로젝트가 위축되는 것이 안타깝다. 먹고사는 문제를 생각하면 우주에 대한 관측 연구나 탐사 연구는 호사스러울 수도 있겠지만, 이럴 때일수록 그 가치를 보존하고 불씨를 꺼트리지 않는 정신이 중요하다.

| Moon story | | 우주 탐사의 전초 기지, 달 |

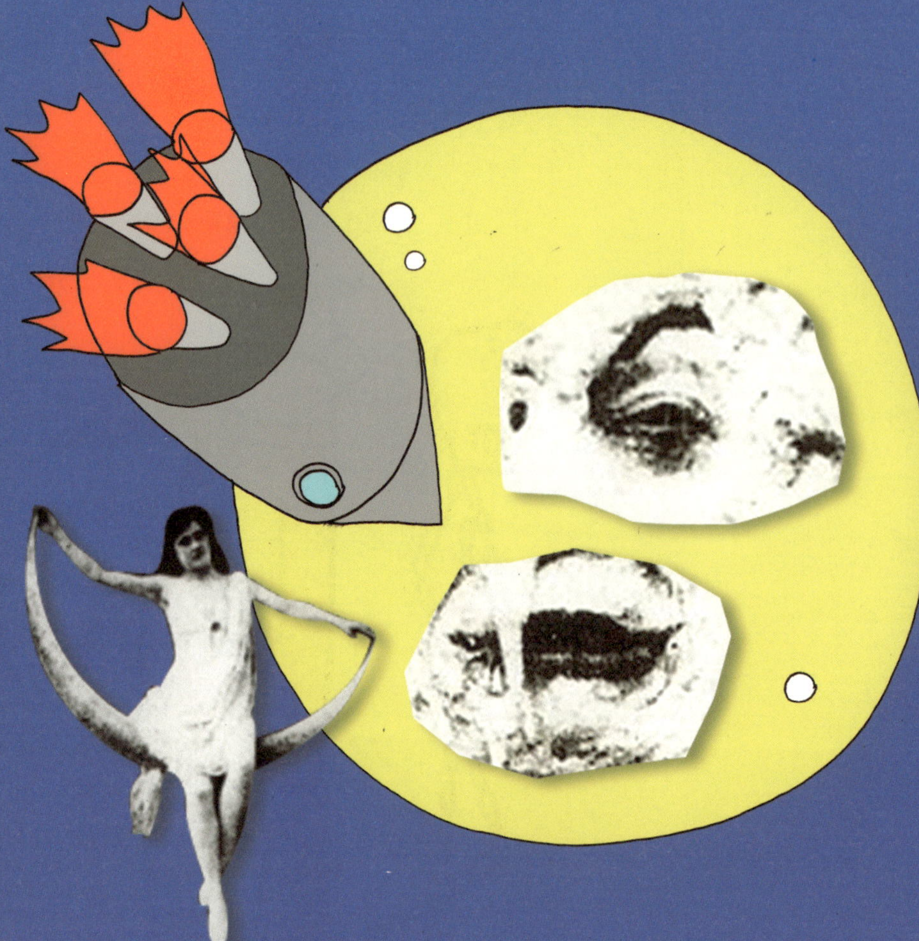

〈달세계 여행〉은 '최초의' 서사 영화이자 공상과학영화로 기억되고 있다. 이 영화는 쥘 베른의 소설 《지구에서 달까지》를 각색했다고 한다. 1902년에 이미 달 여행을 소재로 한 영화를 만들었다니 놀라울 따름이다. 그 당시에는 이 이야기가 마치 마술처럼 들리지 않았을까? 아니나 다를까 이 영화를 만든 감독 조르주 멜리에스가 바로 마술사였다. 풍자 만화가이자 마술사였던 그는 1895년 뤼미에르 형제가 만든 최초의 영화 〈열차의 도착〉에 흠뻑 매료됐다. 이후 뤼미에르의 카메라와 비슷한 카메라를 만든 뒤, 있는 그대로의 거리 풍경과 하루 종일 매순간을 필름에 담기 시작했다. 그러던 어느 날 버스가 지나가는 동안 카메라가 정지해버렸고 카메라를 고친 뒤에는 렌즈 앞으로 장의차가 지나가고 있었다. 나중에 그것을 상영했을 때 다가오던 버스는 순간 장의차로 바뀌어 달리기 시작했다. 이것은 그가 '영화적 마술'을 처음으로 인식한 극적인 사건이었다.

영화적 마술이 현실에서 실현될 날이 얼마 남지 않은 것 같다. 영화 〈달세계 여행〉에서 그려지듯 미지의 공간이었던 달은 20세기 들어 인간에게 더욱 친숙한 대상이 되었으니까 말이다.

달 탐사의 시작

1609년 갈릴레이가 망원경을 통해 달을 처음 관측한 이후 본격적인 달 탐사가 시작된 것은 20세기에 접어들어서부터다. 동서 냉전이 한창이던 1957년 소련은 러시아 말로 '길동무'를 뜻하는 '스푸트니크'호를 쏘아 올려 인류 최초의 인공위성을 통한 우주 탐사를 시작했다. 그리고 1959년 소련의 루나 3호는 최초로 달의 뒷면을 촬영하는 데 성공했다.

이후 미국에서도 레인저 7, 8, 9호를 달에 충돌시켜 달 표면을 가깝게 촬영했다. 1969년에는 드디어 달 착륙선 미국의 아폴로 11호에서 내린 인류가 최초로 달 표면에 발을 딛었다. 달에 첫발을 내디딘 닐 암스트롱은 무척이나 유명한 말을 남겼다.

"이것은 한 사람에게는 작은 한 걸음에 지나지 않지만, 인류에게 있어서는 위대한 도약이다That's one small step for a man, one giant leap for mankind".

달의 신상명세서

달은 지구로부터 약 384,400km 떨어져 있으며, 지름은 지구의 약 4분의 1로 대략 3,476km 정도다. 질량은 지구의 약 80분의 1인 7.3477×1,022kg이며, 이는 다른 행성들의 위성에 비해 매우 큰 편에 속한다. 평균 70km 두께를 가지는 지각과 1,250km 깊이의 맨틀 그리고 핵으로 이루어져 있다. 달의 표면은 어둡고 낮은 부분과 밝고 높은 부분으로 나뉘는데, 어두운 부분을 바다라고 한다. 이 바다는 지구처럼 물이 있는 것이 아니라 주로 용암이 굳어져 단단해진 검은색 현무암으로 이루어져 있다. 달의 자전 주기는 공전 주기와 같아서 지구에서는 항상 달의 같은 면만 보게 된다.

지난 2009년 미국항공우주국에서는 달 궤도 탐사선LRO과 달 크레이터 관측위성LCROSS을 아틀라스 5호에 실어 발사했다. 달 크레이터 관측위성에 붙어 있는 액체연료 엔진 통을 시속 9,000km로 달에 투하해 카베우스에 충돌시킨 후 튀어 오르는 달의 파편을 1년간 분석했다. 그 결과 달 표토층의 5.6%가 얼음 상태의 물이라는 사실을 알아냈다. 특히 충돌 반경 10km 내에는 올림픽 경기용 수영장 1,500여 개를 채울 수 있는 약 38억 리터의 물이 존재할 것이라 추정된다고 한다.

달의 출생지는 어디인가?

달은 그 형성에 대해 많은 가설이 있다. 그중 대표적인 4가지가 분열 모델Fission Model 또는 딸 모델Daughter Model, 동반 형성 모델Co-creation Model 또는 자매 모델Sister Model, 포획 모델Captured Model, 충돌 모델Collision Model이다.

첫 번째, 분열 모델또는 딸 모델 가설은 과거 지구의 자전 속도가 지금보다 빨랐을 때 지구의 일부분이 지금의 달로 떨어져나간 것이라는 주장이다. 그러나 이 가설은 달이 지구의 적도 평면과 달리 황도와 가깝다는 것과 암석 표본이 지구의 암석과 구성 성분이 다르다는 것을 설명하지 못한다.

두 번째로 동반 형성 모델또는 자매 모델 가설은 처음 지구가 생겼을 때 달도 같이 생겼다는 주장이다. 이 가설 또한 달의 암석 샘플의 구성 성분이 지구와 다르다는 것을 설명하지 못한다.

세 번째, 포획 모델은 달이 지구와 다른 장소에서 생성되었다가 지구의 중력에 의해 위성이 되었다는 주장이다. 하지만 이 가설도 몇 가지 문제점을 가지고 있다. 지구와 달의 구성 성분은 다른 장소에서 만들어졌다고 하기에는 몹시 유사하다. 그리고 달은 포획하기에 상당히 큰 천체이므로 지구만으로는 지금의 시스템을 설명하기 힘들다.

마지막으로 충돌 모델은 현재 가장 타당성이 있는 주장으로 알려져

가깝고도 먼 달은 언제 어떻게 만들어졌을까? 달은 태양보다 더 강한 인력을 지구에 미치고 있다. 지구는 달과의 상호작용을 통해 생물이 살기 좋은 최적의 환경을 갖추게 되었다.

있다. 이 가설은 지구가 최초에 형성될 때 현재 화성 질량의 두 배 정도 되는 천체와 충돌했고, 이때 지구의 일부분이 떨어져나가 현재의 달이 되었다는 주장이다. 이 모델에 따르면 충돌하기 이전에 지구는 이미 철과 같은 무거운 원소들이 내부로 가라앉았기 때문에 달에는 철의 함유량이 적다고 한다. 그리고 충돌할 때의 고열 때문에 지구 지각의 휘발성 물질은 대부분 증발하여 달에는 휘발성 물질이 적다고 설명할 수 있다. 따라서 이 모델은 이전 세 종류의 가설들이 가지고 있는 문제점들을 해결할 수 있을 것으로 여겨진다.

달을 이용한 날짜 세기

고대로부터 날짜를 헤아리는 가장 손쉬운 방법은 달의 모양을 관찰하는 것이었다. 사람들은 달의 모습이 완전히 사라졌다가 다시 나타나는 것을 보고 사람들은 날짜와 시간을 계산했다. 상현달, 보름달, 하현달을 거쳐 다시 완전히 사라지는 주기적인 현상은 누구나 쉽게 볼 수 있는 모습이다. 그러나 문제는 달의 주기가 평균 29.53일 정도로 날짜가 딱 떨어지지 않는다는 점이다. 때문에 달의 주기를 이용한 음력은 한 달의 길이로 29일과 30일을 번갈아 사용해야만 한다.

순수하게 달의 주기만을 이용한 달력을 순태음력이라고 한다. 우리가 알고 있는 1년의 길이는 약 365일이다. 그런데 음력을 이 기준에 맞추려면 30일과 29일을 번갈아 사용하여 총 12달을 만들어야 하는데, 그렇게 되면 1년에 11일의 차이가 발생한다. 이런 차이는 달력에 있어 치명적인 단점이다. 특히 농사와 관련된 일정이 뒤죽박죽되는 건 큰일이 아닐 수 없다.

순태음력이 계절과 맞지 않는 문제를 해결하는 방법은, 모자라는 11일을 적당히 채워 넣는 것이다. 그래서 3년 동안 생기는 33일의 오차를 새로운 한 달로 만들었다. 그러나 이것도 3일 정도의 오차는 여전히 있으므로, 좀 더 정밀한 방법이 필요했다. 그래서 사람들은 윤달이라는 것을 생각했다.

역사적으로 가장 많이 사용된 방법은 19년 동안 총 7번의 윤달을 두는 것이다. 그렇게 하면 지구가 태양 주위를 공전하는 데 걸리는 시간이 약 365.24일이므로, 365.24일×19년-(19×12+7)월×29.53일=0.01이 되어 두 달력이 거의 맞아떨어지게 된다. 이처럼 순태음력을 보완하여 계절의 변화와 맞춘 달력을 태음태양력Lunisolar calendar이라고 한다.

내 생애 최고의 밤하늘

코카서스 산자락에 있는 아르메니아에 머물 때였다. 연구소는 산자락에 위치해 있다. 연구소 주위에는 드넓게 펼쳐진 하늘 외에는 아무것도 없었다. 밤이 되면 주위는 칠흑같이 어두워졌다. 정말이지 별이 쏟아질 듯한 밤하늘이었다. 세상에 달빛처럼 매혹적인 빛은 없다는 생각을 한 것도 바로 그때였다.

영화 〈라디오스타〉에서 안성기가 박중훈에게 말한다.
"별은 말이지…… 자기 혼자 빛나는 별은 거의 없다. 다 빛을 받아서 반사하는 거야."
사실 별은 자체 발광이 가능한 '항성'이다. 자신이 빛을 내지 못하고 태양으로부터 빛을 받아서 반사하는 것은 '달'이다. 안성기가 박중훈에게 해주고 싶었던 이야기는 '스타'라고 불리는 연예인은 실은 '달'과 같은 존재라서 팬이라는 빛이 없는 한 존재하기 힘들다는 얘기였을 것이다.
우리는 진정 상대방이 있어 빛나는 존재 아닐까?

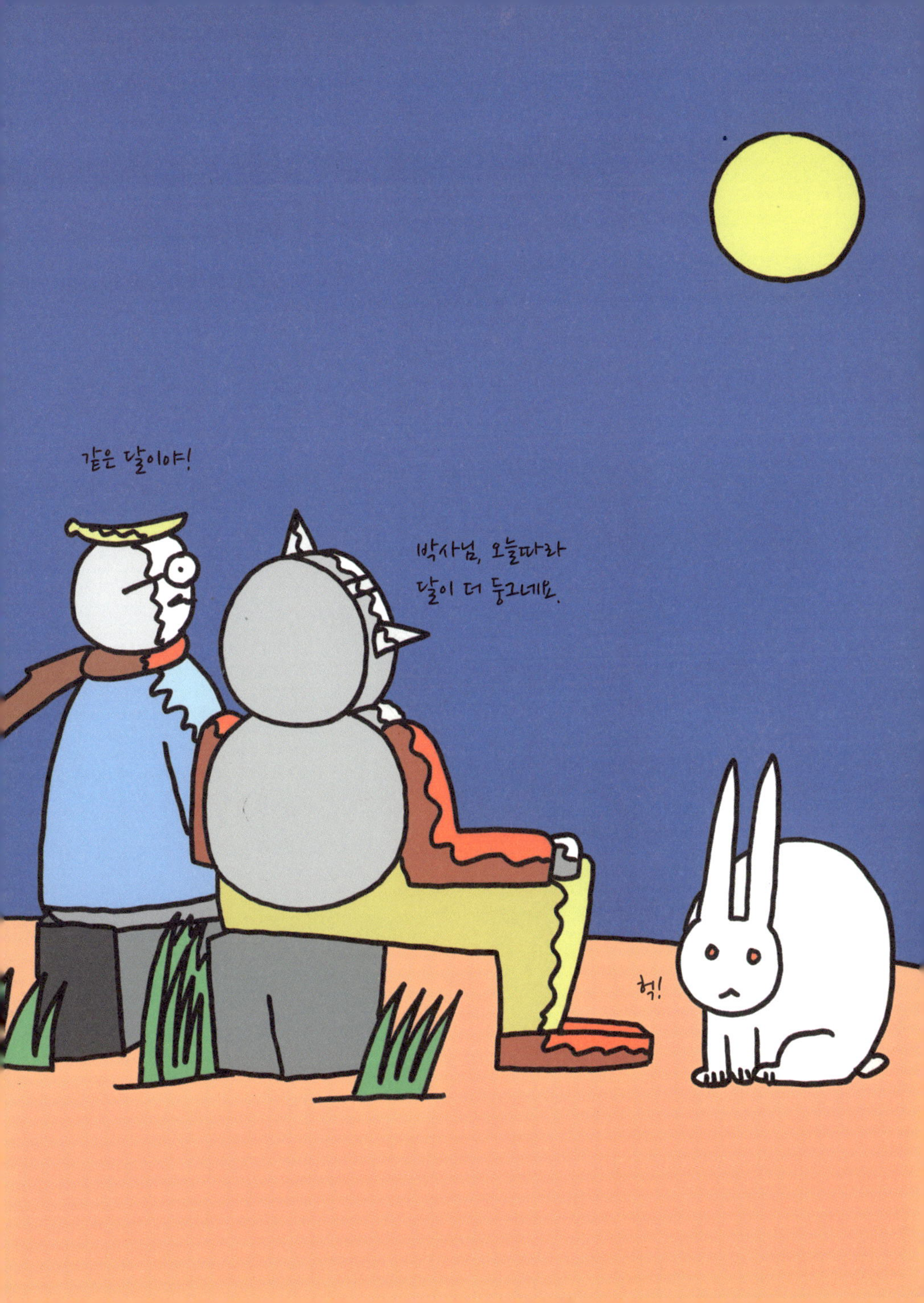

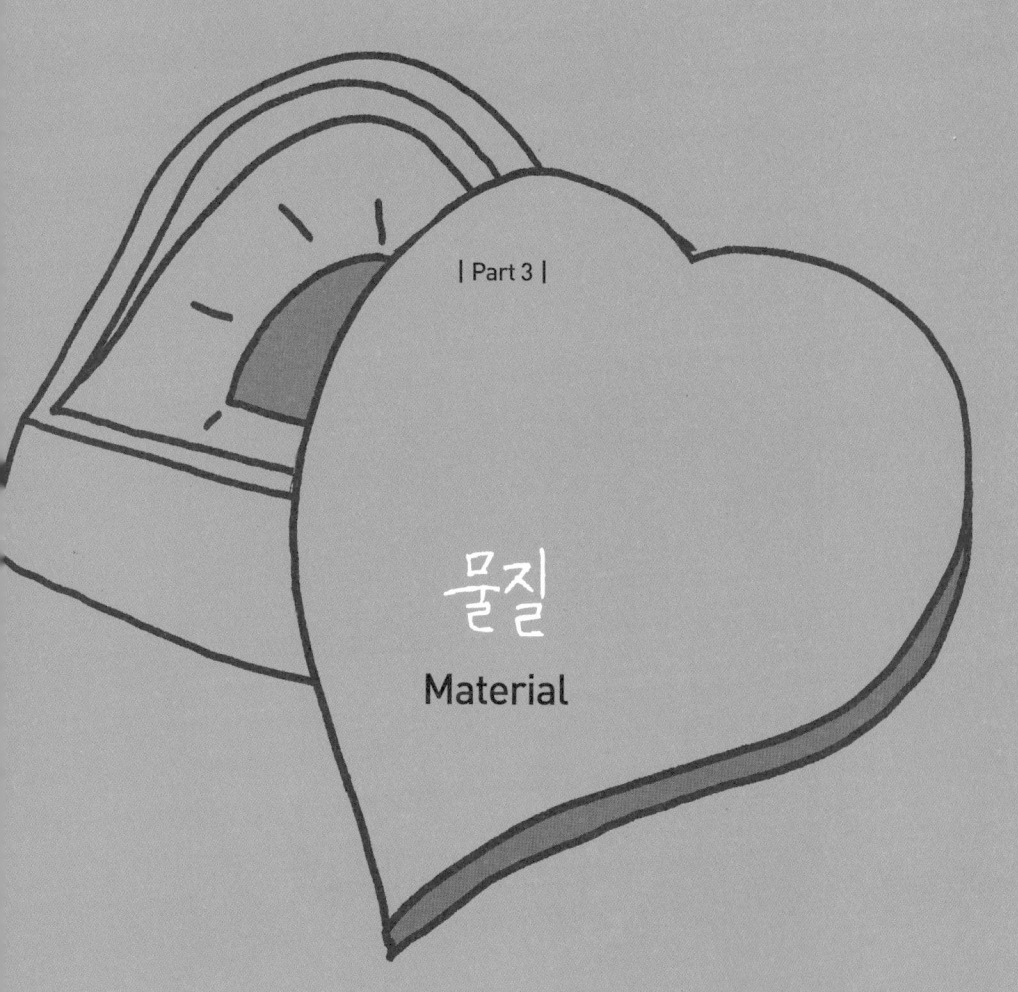

| Part 3 |

물질
Material

이집트인들은 일찍이 보석으로서 금의 가치를 알고 각종 조형물이나 장식품을 만들어 높은 신분을 과시하는 데 이용했다. 당시 금의 가치는 은의 두 배였다. 기원전 1세기 로마의 학자 플리니우스는 금이 피부 궤양을 치료하는 효능이 있다는 것을 밝혔다. 중세의 연금술사들 역시 금가루를 복용하면 노화 방지에 효과가 있다고 생각했다. 우리나라에서도 허준의《동의보감》에는 금이 신경 안정 작용을 하고, 유독성 물질의 해독 작용과 피부 정화 작용을 한다고 기록되어 있다. 이 때문인지 금은 화장품 재료로도 많이 사용된다.

값비싼 금을 전자제품에 사용하는 이유

어릴 적 고장 난 전자제품을 뜯어보면 그 안에 황금빛 물질이 몇 개 들어 있었다. 대부분의 소년들은 그것이 금이라 착각하고는 눈이 휘둥그레졌다. 물론 소량의 금도 있었을 테지만 구리가 대부분이었을 것이다. 지구상에서 생산되는 금은 보석으로 가장 많이 사용된다. 하지만 금의 몇 가지 물리적 특성 때문에 전혀 다른 분야에서 사용되기도 한다. 금은 연간 생산량의 약 50%가 보석과 장신구를 만드는 데 사용되고, 40%는 금괴와 같은 형태와 투자용으로 사용된다. 나머지 10%는 산업용으로 사용되는데 금이 다른 어떤 물질보다 좋은 전기 전도체이기 때문이다. 금은 부식성이 없기 때문에 전자제품의 도선, 도선 연결 부품, 집적회로 등에 많이 사용된다. 전기 전도도로만 따지면 은과 구리가 금보다 약 30% 더 좋으나, 금은 공기 중에서 부식되지 않기 때문에 공기에 노출되는 부분에는 대부분 금을 사용한다.

또한 금은 적외선, 가시광선, 마이크로파 등의 전자파를 잘 반사한다. 이 때문에 인공위성과 우주인 옷의 보호 코팅재로 사용되며, 고층 건

금은 황금빛 광택이 나는 대표적인 귀금속이며, 많은 나라에서 화폐의 기준으로 사용하는 특별한 금속이다. 공기나 물에 변하지 않으며, 빛깔의 변화도 없고, 강한 산화제에 의해서도 변하지 않는다.

물 유리창의 코팅에도 이용된다. 또 고급 CD의 반사판으로 사용되며, 플라스틱, 장신구, 식기 등 여러 물건의 표면 도금에도 사용된다.

인류 문명과 함께해온 금의 역사

금의 순도를 나타낼 때 캐럿이라고 하고 'K'라고 쓴다. 캐럿은 중동 지역에서 자라는 식물의 한 종류인 '캐럽'에서 유래했다. 캐럽은 콩과 비슷하게 생긴 나무의 열매로, 이 지역 사람들은 말린 캐럽 열매를 한 손에 쥔 정도를 기준으로 물건을 교환했다. 어른이 한 손으로 캐럽을 쥐면 대략 24개가 잡혔다. 그래서 순금을 24K라고 표시하게 된 것이다. 이보다 순도가 떨어지는 18K는 24분의 18의 순도로 75%의 순금을 나타내고, 14K는 24분의 14인 58.5%의 순금이 들어 있는 것을 나타낸다. 18K나 14K 금에 은, 구리, 철, 알루미늄을 섞어서 금 합금을 만들기도 한다. 구리를 넣는 경우 적금색, 철을 넣는 경우 자금색, 알루미늄을 넣는 경우 청금색을 띤다. 화이트골드의 경우 팔라듐 등을 넣는다.

금은 그 아름다운 색채와 희귀성 그리고 불변성이라는 특징 때문에 문명의 발생과 그 역사를 함께했다. 금은 곧 권력과 부귀의 상징으로 통했다. 신의 영광에 대한 표현으로 또는 사후세계의 장식으로 세계 각지에서 독특한 문화유산을 남겼다.

왜 지구에는 금보다 철이 더 많은가?

우주의 시작은 빅뱅이었다. 최초의 빅뱅에너지가 확산되고 냉각되면서 우주는 변화를 겪게 되었다. 빅뱅 후 3분까지 만들어진 입자들이 결합하면서 첫 번째 원자가 만들어지기까지 30만 년이 걸렸다. 이때 원자번호 1번인 수소가 80%, 원자번호 2번인 헬륨이 약 20% 만들어졌다. 그다음 수소와 헬륨 원소가 중력에 의해 무수히 많은 덩어리로 합쳐지게 되는데, 이 과정이 약 10억 년 정도 걸렸다. 그리고 수많은 덩어리들이 더 거대한 우주의 몸체인 은하를 만들고, 이때 중력으로 인해 더 무거운 화학원소들은 융합반응을 통해 더 무거운 원소로 만들어지면서 생명의 주기가 시작됐다. 첫 번째 수소 원자는 융합하여 헬륨 원자를 만들었다. 그다음에 수소 원자가 다 소모되고 중력의 압력이 커지면서 헬륨 원자가 융합해 탄생하는 은하에 별이 만들어지고 빛을 내기 시작했다. 더 무거운 원소가 하나씩 생기면서 중력이 별들의 밀도를 더 높이고 압박을 가함에 따라 각각의 원소들이 융합반응을 통해 그다음의 무거운 원소를 만들어냈다.

이 별들이 크기에 따라, 원자번호 26번인 철이 형성되면서 서서히 죽고 우주에 그 원소를 발산하면서 백색왜성이 되었다가 차가워지면서 우주에 떠돌아다니는 철의 무리인 갈색왜성이 되거나, 초신성으로 폭발했다. 그 과정에서 철보다 더 무거운 금금은 원자번호 79번이다과 같은 원소들을 만들면서 극적으로 사라졌다.

이러한 원소들은 우주를 떠돌아다니다가 중력에 의해 새로운 천체로 빨려 들어갔다. 이때 물질이 충분히 모이면 새 별이 탄생할 수 있었다. 새로운 융합반응이 진행되지 않으면 우리 지구와 같은 행성이 만들어졌다. 우리가 어떻게 여기까지 왔는지에 대한 대략적인 설명이다. 현재 이 시간이 150억 년 동안 우주가 진화한 결과라는 얘기다.

골드러시와 포티나이너스

미국 샌프란시스코 미식축구팀의 이름이기도 한 포티나이너스Forty-niners는 1849년 골드러시 기간 동안 금을 채굴하기 위해 미국에 몰려든 사람들을 가리킨다. 우리에게 골드러시Gold Rush로 알려진 이 역사는 1849년 본격적으로 시작되어 결과적으로는 미국 사회 개발의 중요한 발판으로 작용했다. 당시 사람들은 금을 발견하면 자신의 소유가 될 수 있다는 기대에 부풀어 캘리포니아로 몰려들었다.

19세기 캘리포니아에서는 엄청난 양의 금이 발견되어 세계 각지에서 수십만 명이 일확천금을 바라고 몰려들었다. 특히 1849년에는 미국뿐만 아니라 유럽, 중남미, 하와이 심지어 중국 등지에서도 약 10만 명의 사람들이 캘리포니아로 이주해왔다. 우리에게도 널리 알려진 미국의 민요 〈클레멘타인Oh my Darling Clementine〉에 등장하는 클레멘타인도 포티나이너스의 딸이다.

이후 캘리포니아는 인구가 급격히 증가해 이듬해인 1850년에 정식 주州로 승인됐다. 골드러시는 서부 발전의 원동력이 되었고, 오늘날 실리콘밸리가 그것을 증명해준다.

착하기도 하고 나쁘기도 한 금

금광에서 금을 채굴할 경우 광석 1,000kg에서 약 14g의 금을 얻을 수 있다고 한다. 우리가 사용하는 휴대전화에도 금이 사용되는데, 휴대전화 1,000대에서는 약 0.7g의 금을 얻을 수 있다. 그런데 이 과정에서 휴대전화에 사용된 플라스틱, 은, 철, 구리, 납 등과 금을 분리해야 하는데, 이때 발생하는 환경오염이 만만치 않다. 특히 납 등의 중금속은 심각한 환경오염을 일으킨다. 얼마 전 TV를 통해 중국의 한 지역에서 전자 부품에 사용된 금을 분리하는 모습을 보여주었는데, 그 마을은 심각한 환경오염 때문에 폐허로 변해가고 있었다. 선진국에서 버려진 전자제품이 홍콩을 통해 들어온 후 중국의 조그만 마을에서 분리되면서 마을의 하천과 토양을 회복될 수 없는 상태로 변화시키고 있었다.

얼마 전 친지로부터 전화를 받았다. 금에 투자하고 싶은데 어떻게 생각하느냐는 것이었다. 당시 나는 금은 오를 만큼 올랐다고 생각했다. 왜냐하면 내가 생각하기에 금은 충분히 비쌌기 때문이다. 하지만 그 후 금값은 더 올라갔다. 사실 금은 다른 금융 상품과 달리 경제 위기에도 수요와 공급의 큰 변화가 없고 가격 변동성이 낮다. 따라서 금은 안정된 투자 대상일 수 있다. 장기적으로 가격의 급등락이 없어 여유가 있다면 초보자들도 쉽게 접근할 수 있다. 일반적으로 인플레이션에 강한 투자는 디플레이션에 약하며, 디플레이션에 강한 투자는 인플레이션에 약하다. 하지만 금만큼은 인플레이션이나 디플레이션에 큰 영향을 받지 않는다.

친지는 내가 한 말을 듣고 투자를 포기했다. 물리학자의 이야기를 듣고 투자를 포기한 분께는 미안하지만, 금값이 비싸다는 내 생각에는 여전히 변함이 없다.

| Chocolate story |  | 초콜릿을 먹으면
사랑에 빠진다? |

서기 269년 2월 14일에 순교한 사제 성 밸런타인Saint Valentine 의 이름에서 유래했다고 하는 밸런타인데이. 성 밸런타인이 살았던 당시 황제 클라디우스는 군기 문란을 잡고자 결혼 금지령을 내렸다. 하지만 밸런타인 신부는 황제의 부당한 명령에 반기를 들고 황제의 허락 없이 사랑하는 이들을 결혼시켜주었다. 머지않아 황제의 눈에 난 그는 사형선고를 받게 되어 감옥에 수감된다. 감옥에 수감된 그는 그곳에서 간수의 딸과 운명적인 사랑에 빠지게 되는데, 사형을 당하기 하루 전날 그는 자신의 사랑을 담은 마지막 편지를 쓴다. 편지에는 다음과 같은 글귀가 적혀 있었다.

'Love from Valentine.'

초콜릿을 먹으면 사랑에 빠진다?

초콜릿은 사람의 체온보다 1℃ 낮은 35.6℃에서 녹기 시작한다. 입에 넣자마자 사르르 녹는 이 물리적 특성 때문에 초콜릿은 '부드러운 키스'와 같은 로맨틱한 이미지를 갖게 된 것이리라. 실제로 초콜릿에 들어 있는 페닐에틸아민 성분은 사랑에 빠진 이들에게서 분비되는 물질과 같다고 한다. 그런데 초콜릿에 포함된 페닐에틸아민이 우리 몸에 흡수되어 뇌에 도달하는 것은 거의 불가능하다. 화학물질들이 분자구조를 그대로 유지한 채 뇌로 흡수되기는 매우 어렵기 때문이다.

초콜릿Chocolate은 멕시코 원주민들이 카카오 콩으로 만든 음료 초콜라틀Chocolatl에서 유래했다고 한다. 카카오 열매는 초기에 음료나 약으로 사용되었으며 남아메리카 원주민들은 이것을 신이 내린 선물이라 불렀다. 카카오는 때에 따라 화폐로 사용되기도 했는데, 그 양에 따라 짐승이나 노예를 살 수 있었다고 한다. 그러던 것이 15세기 말 콜럼버스가 아메리카를 항해하던 중 유카탄 반도 연안의 카카오 열매를 가지고 들어가면서 유럽으로 전파되었다.

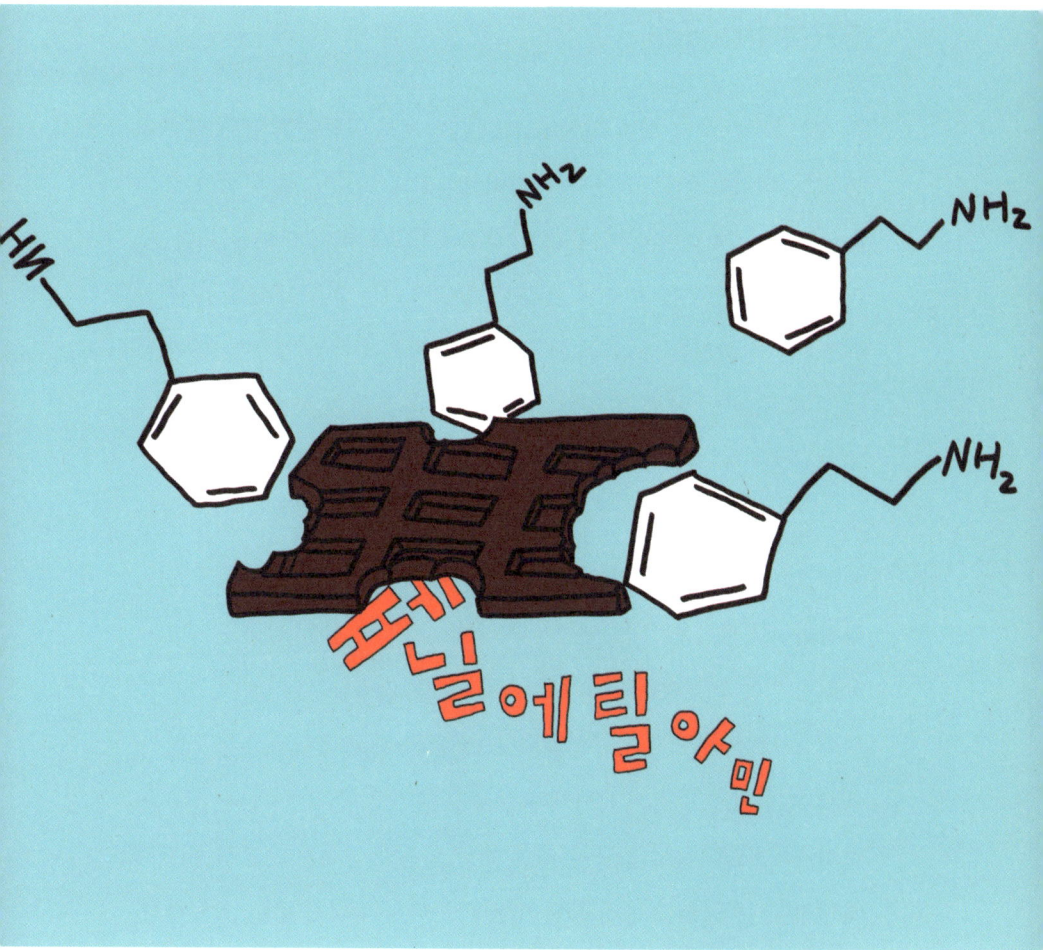

초콜릿에 포함된 300여 화학 물질 중에서 우리를 기분 좋게 하는 물질로 알려진 것은 페닐에틸아민(phenylethylamine, C8H11N)이다. 이 물질은 100g의 초콜릿 속에 약 50~100mg 정도 포함되어 있다.

달콤 쌉싸래한 초콜릿의 고향

카카오나무는 주로 열대 지방과 적도 지방에서 자라는데 남미, 아프리카, 인도네시아가 주요 산지다. 카카오나무의 열매에 들어 있는 카카오콩은 그냥 먹으면 쓴맛이 나기 때문에 발효시켜서 단맛을 낸다. 그런 다음 카카오콩을 볶으면 초콜릿 냄새가 나는 원두가 된다. 구워진 카카오콩의 껍질을 벗긴 후 참기름 짜듯 짜면 비로소 '초콜릿 원액'과 '코코아 버터'를 얻을 수 있다. 그리고 다 짜고 남은 찌꺼기는 추운 겨울에 마시는 핫초콜릿의 재료인 갈색의 코코아 가루가 된다.

코코아 버터와 초콜릿 원액은 카카오의 핵심이다. 코코아 버터는 초콜릿이 입 안에서 부드럽게 녹게 해준다. 초콜릿 원액은 향긋하고 맛이 강하기 때문에 그냥 먹기에는 너무 쓰다. 그래서 설탕 성분을 넣는다. 우리가 먹는 초콜릿은 다크초콜릿으로 기본 재료는 세 가지다. 초콜릿 원액, 코코아 버터 그리고 설탕이다. 그 외도 코코아 버터와 초콜릿 원액이 잘 섞이게 만드는 유화제나 우유를 넣기도 한다.

화이트초콜릿에는 초콜릿의 가장 핵심 성분인 갈색의 초콜릿 원액이 빠져 있다. 초콜릿 특유의 색과 맛은 나는데 초콜릿은 없다. 코코아 버터와 설탕, 우유, 향기를 내는 바닐라만 들어 있다. 다시 말해 코코아 버터로 만든 설탕 과자인 것이다.

밸런타인데이에 초콜릿을 줄까? 말까?

카카오 열매에서 추출한 카카오 성분은 고혈압에 효과적인 폴리페놀이 많이 들어 있다. 이 성분은 적포도주, 사과와 같은 식품에도 들어 있지만 카카오에 가장 많이 들어 있다. 폴리페놀은 혈액이 응고되는 시간을 늦춰주고, 혈관 확장에 도움을 준다. 초콜릿의 적당한 당분은 세로토닌이라는 신경전달물질의 분비를 촉진시키는데, 이 물질은 긴장을 풀어주고 스트레스를 해소시킨다. 초콜릿이 밸런타인데이의 사랑 고백에 도움을 주는 이유가 여기 있다.

하지만 초콜릿은 비만이나 비만의 잠재 위험이 있는 사람들의 미각, 촉각, 후각을 자극하는 '악마'의 물질이기도 하다. 초콜릿은 단백질 8%, 탄수화물 60%, 지방 30%로 이루어진 이상적인 식품이다. 이 말은 곧 살찌기 참 좋다는 말이다. 시중에 판매되는 초콜릿에는 식물성 지방을 고체로 만드는 과정에서 생겨난 트랜스 지방이 포함되어 있다. 트랜스지방은 혈관을 좁게 만들어 심혈관계 질병이나 동맥경화를 일으킬 수도 있다. 가공된 초콜릿에는 감자튀김보다 많은 트랜스 지방이 들어 있다고 한다. 앞으로 초콜릿을 구입할 때는 성분표를 꼭 확인하도록 하자.

밸런타인데이가 가까워지면 학교 앞 구멍가게 진열대에는 갖가지 초콜릿이 산더미처럼 쌓인다. 누가 이걸 다 먹는단 말인가? 성분이 불확실한 초콜릿을 많이 먹으면 콜레스테롤 수치가 올라가고, 불필요한 지방과 당이 높은 칼로리를 발생시켜 비만이 된다. 심하면 심장병, 당뇨병에 걸릴 수도 있다. 빈속에 이런 초콜릿을 먹으면 배는 부르지 않고 가스만 차는 등 속이 급격히 불편해진다. 심하면 두통을 유발하기도 한다. 카카오콩에서 추출한 제대로 된 '초콜릿 원액'과 '카카오 버터'를 사용하지 않고, 값싼 식물성 기름이나 포화 지방을 사용한 초콜릿은 건강에 좋지 않다.

Coffee story		사탄의 유혹, 커피에 사로잡힌 유럽

커피는 한때 수도승들이 열심히 기도 드리기 위해, 군인들이 밤에 잠을 쫓기 위해 빵에 발라 먹거나 씹어 먹었다고 한다. 지금 프랜차이즈 판매점에서 판매되는 커피와는 차이가 있다. 예전 사람들이 맛과 향, 효능 때문에 커피를 애용했다면, 현대인들은 커피가 가진 문화를 소비하는 데 더 큰 의미를 두고 있는지도 모른다. 한 손에는 값비싼 명품 핸드백이나 가방을, 나머지 한 손에는 커다란 일회용 커피 컵을 들고 거리를 바삐 거니는 모습은 또다른 문화를 대변하고 있다. 어느덧 그와 함께 언제부턴가 다방이 사라지고 커피 전문점들이 생겨나기 시작했다. 아쉬운 점이 있다면 다방이 주던 감성도 함께 사라져버렸다는 것이다.

커피의 고향, 에티오피아

커피의 기원과 관련해 가장 널리 알려진 이야기는 에티오피아의 양치기 소년 칼디Kaldi에 관한 것이다. 기원전 3세기, 목동 칼디는 어느 날 자신이 기르는 염소들이 흥분하여 이리저리 날뛰는 모습을 보고 이를 이상하게 여기고는 염소들의 행동을 눈여겨봤다. 그런데 염소들이 들판에 있는 어떤 나무의 빨간 열매를 먹고 나면 흥분하게 된다는 사실을 발견하였다. 칼리는 그 열매의 맛이 궁금해져서 직접 먹어보았는데, 열매를 먹고 나자 피로감이 사라지면서 신경이 곤두서는 듯한 황홀감을 느꼈다. 그는 인근의 이슬람 사제들에게 이 사실을 알렸고, 빨간 열매에 잠을 쫓는 효과가 있음을 발견한 사제들에 의해 이 열매는 여러 사원으로 퍼지게 되었다. 하지만 이때만 해도 커피는 볶아서 빵에 발라 먹는 음식이었다.

커피를 음료 개념으로 생각하게 된 것은 오랜 시간이 흐른 뒤인, 약 15세기경이라고 한다.

이교도의 음료에 반한 유럽

아랍인들이 실수로 커피 열매를 볶게 되었는데 기존의 것보다 더 좋은 맛과 향이 난다는 사실을 알게 되었다. 이후로 커피는 음료로 더 즐기게 되었다.

초창기 커피는 각성 효과로 밤새 기도를 해야 하는 수도승들에게 맑은 정신을 유지할 수 있는 '약'으로서 역할을 했다. 십자군 원정 이후 르네상스 시대에 접어들어서야 본격적으로 유럽에 전파되기 시작했다. 그전까지는 이슬람 이교도의 음료라는 이유로 거부되던 것이 르네상스 시대에 이르러 예술의 대상으로 여겨질 만큼 관대해진 것이다. 이후 유럽 곳곳에 커피하우스가 생겨났다.

우리나라 최초의 커피 애호가는 고종 황제로 알려져 있다. 1896년 아관파천 당시 러시아 공사관에서 그가 처음 커피를 마셨다고 전해진다. 그런데 1884년부터 한국에서 활동한 선교사 알렌Allen은 그의 책에 '궁중에서 어의로서 시종들로부터 홍차와 커피를 대접받았다'고 적고 있다. 선교사 아펜젤러Heny G. Appenzeller 또한 1888년에 이미 인천에 있는 호텔에서 일반인을 대상으로 커피가 판매되었다고 전한다. 어쩌면 고종이 커피를 마시기 수년 전부터 백성들이 이미 커피를 마시고 있었을지도 모른다.

커피 만드는 기계를 사다

언젠가 내가 있는 연구실에 봉지 커피가 사라지고 커피머신이 들어왔다. 연구실 문을 열고 커피를 만들면 복도에 커피향이 자욱했다. 압력이 올라가면 증기기관차처럼 커피머신 위로 증기가 뿜어져 올라왔다. 그 모습을 보고 학생들은 박수를 치곤 했다.

유명 커피머신 제조회사의 그 기계에는 3.5bar라고 적혀 있는데 bar는 기압의 단위를 나타낸다. 우리는 대략 1bar의 대기압 상태에서 생활하고 있다. 커피머신의 3.5bar는 우리가 느끼는 압력보다 3.5배 큰 압력이다. 이 정도는 가로세로 1cm의 면적에 3.5kg의 힘이 가해진 경우와 같다. 세차장에서 사용하는 고압 세척기의 경우 압력이 약 60bar 정도다. 그 물줄기를 사람이 직접 맞으면 병원에 실려 가야 한다. 150bar 정도의 힘이면 쇠를 절단할 수 있다고 한다.

커피머신의 원리

산에서 밥을 하면 설익는다. 높이 올라갈수록 기압이 낮아지기 때문이다. 1기압에서 100℃에 끓던 물이 산에서는 85~90℃에서 끓는다. 100℃가 되기 전에 끓은 물은 쌀을 설익게 해서 밥알을 씹으면 푸석푸

커피나무 열매(Cherry) 속 씨앗(생두, Green Bean)을 볶은 뒤(원두, Coffee Bean) 곱게 빻아 물에 내린 음료를 일컫는 커피는 에티오피아어 'Caffa(힘)'에 그 어원을 두고 있다고 한다. 아라비아에서는 'Gahwa', 유럽에서는 'Café'로 불렸다

석하다. 그래서 뚜껑에 돌을 올려놓곤 하는데 이는 수증기가 빠져나가는 것을 방지해 압력을 높게 유지하기 위해서다. 그런데 가끔 돌을 쌀과 함께 끓이는 사람도 있다. 잘못된 정보가 건강을 해치는 경우다.

압력이 높아지면 물의 끓는점도 높아진다. 높은 온도에서 끓는 물일수록 에너지가 크다. 이 원리를 이용해 만든 것이 바로 압력밥솥이다. 솥 속의 증기가 빠져나가지 못하게 해서 압력이 높아지도록 만든 것이다. 그러면 끓는점이 높아져서 음식을 빨리 조리할 수 있다. 요리 과정에서 쉽게 파괴되는 비타민이나 무기질의 손실을 최소한으로 줄일 수 있다. 더불어 에너지를 절약한다는 장점도 있다. 압력밥솥의 압력은 대기압보다 높은 1.2기압 정도다. 밥솥 안의 물은 약 120℃에서 끓는다. 커피머신의 원리 또한 압력밥솥의 원리와 다르지 않다.

커피머신은 압력을 이용해 높은 온도에서 물을 끓인다. 높은 압력의 수증기는 가벼워지기 때문에 위로 올라간다. 이 증기를 가로막는 것이 커피가 담긴 필터 홀더다. 이것이 가로막고 있어서 압력이 생긴다. 압력이 가해지면서 수증기가 액화되어 물이 된다. 액화된 물과 커피가 만나 에쏘esso가 추출된다.

가장 맛있는 커피를 먹으려면?

높은 증기압으로 커피를 우려내면 맛에서 큰 차이가 난다. 보통 약 9에서 12기압 정도에서 10에서 23초 사이에 추출되는 원액이 최적의 커피 맛을 낸다고 한다. 커피의 크기와 압력 상태에 따라 차이가 날 수도 있다.

커피 맛은 필터 홀더에 담긴 커피에 얼마만큼의 압력을 주느냐에 따라 달라진다. 이를 탬핑tamping이라고 한다. 탬핑의 핵심은 압력이다. 필터 홀더의 커피를 약하게 눌러주면 커피 입자 사이의 간격이 넓어져서 물이 빨리 통과되어 커피 맛이 싱거워진다. 커피의 산도가 올라간 듯한 느낌이 들고 크레마crema가 적어서 커피 맛이 가벼워진다.

반대로 탬핑 압력이 너무 과하면 커피의 추출 시간이 길어지고 농도가 진해진다. 그렇게 되면 커피의 쓴맛이 올라간다. 그리고 커피 고유의 산도는 떨어진다. 크레마의 양은 많아지나 크레마층과 액체층이 이질적으로 분리된다. 결국 맛없는 커피가 나오게 된다.

내가 가장 선호하는 커피는 터키식 커피다. 아르메니아에 가면 매일 마시는 커피인데 물리적인 압력, 기압, 뭐 이런 거 없다. 가장 원시적이지만 가장 맛있다. 이 커피는 커피와 설탕을 함께 끓인 후 필터링 없이, 원두를 가라앉힌 후에 마시는 커피다. 처음에는 멋모르고 찌꺼기까지 다 마시는 사람도 있다. 작은 잔에 파우더가 가라앉으면 위에 남은 두세 모금의 커피를 마시는 것이 제대로 먹는 방법이다. 입 안에서 살짝 씹히는 커피 파우더가 마치 사막의 고운 모래처럼 이국적으로 느껴지는 커피다.

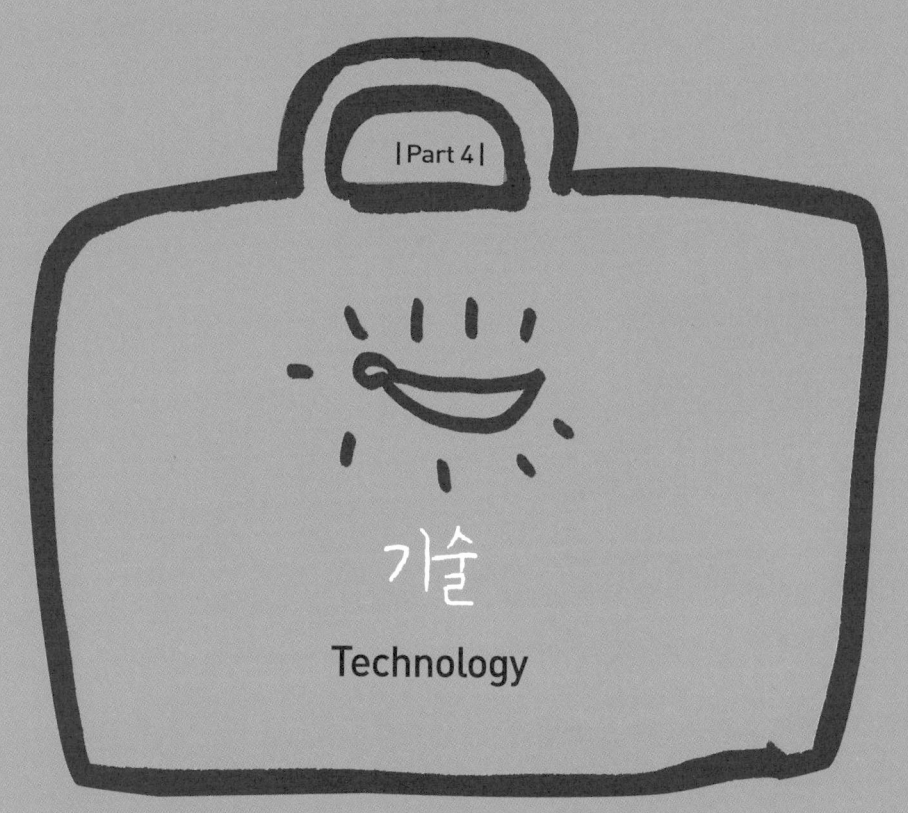

| Part 4 |

기술

Technology

| Time machine story | 빛보다 빠르면 시간 여행이 가능하다 |

HAPPY BIRTHD:AY
BACK TO THE FUTURE

JUL 03 2010 : 09:35
PRESENT TIME

시간 여행이라는 소재를 통해 유머와 반짝이는 물리학적 아이디어로 수많은 관객의 이목을 사로잡았던 추억의 영화 〈백 투 더 퓨처〉. 미국의 소도시 힐 밸리에 사는 주인공 마티 맥플라이는 록큰롤과 스케이트보드 그리고 자동차를 좋아하는 명랑 쾌활한 고교생이다. 그와 평소 친하게 지내던 괴짜 발명가 브라운 박사는 스포츠카 '드로리안'을 개조해서 타임머신을 만든다. 그들은 이 스포츠카가 광속 이상으로 달리면 타임머신이 될 것이라는, 어찌 보면 단순한 생각을 가졌다. 하지만 그들의 예상은 적중했다. 맥플라이는 이 멋진 스포츠카를 타고 30년 전으로 시간 여행을 시작한다.

타임머신은 가능할까?

2011년 이탈리아 그란사소 국립연구소 소속 파스콸레 밀리오치 박사는 "중성미자가 빛보다 60나노 초 0.00000006초 빠르다"고 주장했다. 이들의 주장은 전 세계 물리학계를 발칵 뒤집어놓았다. 1905년 알베르트 아인슈타인이 특수상대성이론을 발표한 뒤 과학자들은 '빛보다 빠른 것은 없다'는 가정에서 출발해 현대 물리학의 틀을 만들었다. 100년이 지나도록 깨지지 않은 상대성이론은 과학자에게 종교적인 신념이나 다를 바 없었다. 그런데 이들은 '중성미자가 빛보다 빠르다'고 말하고 있었다. 연구진의 주장대로 중성미자가 빛보다 빠르다는 실험 결과가 사실이라면 공상과학영화처럼 타임머신을 타고 시간 여행을 하는 것이 가능할 수도 있다.

100여 명이 넘는 물리학자들이 이 결과를 얻기 위해 2009년부터 최근까지 3년간 오페라 검출기로 약 1만 6,000개의 중성미자를 가지고 실험을 했다. 스위스 제네바에 있는 유럽입자물리연구소에서 중성미자를 만들어 마치 총을 쏘듯 732km 떨어진 이탈리아의 오페라 검출

타임머신은 미래나 과거로 시간 여행을 할 수 있는 가상의 장치를 말한다. 1895년 허버트 조지 웰스가 《타임머신》이라는 소설에서 묘사하면서 처음 등장했다.

기로 보냈다. 스위스 제네바 가속기와 이탈리아 오페라 검출기 모두 지하에 있었기 때문에 중성미자는 땅속을 뚫고 지나갔다. 중성미자는 초당 약 300,000,000m를 달려 빛보다 0.00000006초 일찍 목적지에 도달했다. 빛의 속도는 초당 299,792,458로, 중성미자와 빛의 속도 차는 0.00000006초였다. 이 차이는 물리학적으로 큰 의미를 지니는 것이었다.

우주 탄생의 열쇠, 중성미자

질량이 0에 가까운 중성미자는 모든 사물을 통과할 정도로 작고, 다른 입자들과 상호작용을 하지 않는다. 지금도 이 중성미자는 태양의 핵융합으로 만들어져서 지구로 날아와 우리 몸을 통과한 후 지구 반대편을 통해 우주로 다시 날아갈 것이다. 최초의 빅뱅 이후 우주의 진화 과정에서 자연스럽게 생겨났을 '중성미자'에 관한 연구는 우주의 탄생과 진화를 푸는 열쇠를 쥐고 있기도 하다. 물리학자들의 가장 오랜 고민은 우리가 어디에서 왔고, 어떤 물리학적 진화 규칙을 따라 여기까지 왔는가 하는 것이다. 그리고 이 거대한 질문에 대해 물리학자들은 수많은 실험과 발견들로 대답하고 있다.

아인슈타인의 잘못인가?

아인슈타인은 세상에 빛보다 빠른 물질은 없다는 상대성원리를 통해 시간과 공간의 본질을 다시 정의했다. 그의 이론은 우주론의 발전에 지대한 영향을 미쳤다. 상대성이론을 통해 시간과 공간은 동일한 하나의 대상이라는 점이 입증되었고, 중력에 관한 뉴턴의 설명은 아인슈타인에 의해 개선되었다. 그런데 오늘날 중성미자의 존재는 이와 같은 아인슈타인의 이론을 통째로 뒤흔들고 있다.

하지만 일각에서는 이번 실험에서 중성미자가 스위스에서 출발해 이탈리아에 도착할 때까지 걸린 시간을 정확히 측정하지 못했을 가능성이 크다고 이야기한다. 중성미자의 속도에 관한 실험은 이번이 처음이 아니었다. 2000년 일본에서, 2007년 미국 시카고 페르미 연구소에서 실험을 했지만 빛의 속도와 일치한다는 결론을 얻었다. 그러니까 아직 아인슈타인의 손을 들기도, 중성미자의 손을 들기도 이르다는 말이다. 과학의 본질은 어느 누구에게도 열린 재현성에 있다. 이번 실험과 같은 실험을 미국 페르미 연구소에서 다시 할 예정이다. 그리고 우리는 그 결과를 기다릴 뿐이다. 이 실험 결과에 따라 중성미자의 위험한 외출은 한낱 해프닝으로 끝날 수도 있고, 전 세계 물리학계를 뒤흔들 빅뱅이 될 수도 있을 것이다.

 내 연구실 옆방에는 우주론을 연구하는 김 박사가 있다.

"김 박사, 이번 중성미자 결과 어떻게 생각해?"

"사실이라면 상대성이론의 틀이 깨지겠지요. 하지만 질량을 가진 입자가 빛 속도보다 빠르다는 것이…… 가능성은 없는 것은 아닙니다만……."

"김 박사, 중성미자가 광속도보다 빠르다면 무엇이 가능할까?"

"중성미자가 지구의 뒤통수를 볼 수 있겠지요!"

과연 지구의 뒤통수는 어떻게 보일까?

PS. 오페라 검출기 실험 결과는 착오로 판명이 났다. 지구의 뒤통수를 볼 수 있는 꿈은 사라졌다.

| Mobile communications story |  | 지하 파이프에서 시작된 무선 통신의 역사 |

얼마 전 프랑스에 다녀왔다. 내가 머무른 곳은 인적이 드문 곳이었다. 나는 일부러 전화를 받지 않았다. 홀로 고요를 즐기고 싶었기 때문이다. 그런데 매일 밤 새벽 4시면 어김없이 같은 문자메시지가 날아들었다.

'감자 한 봉지 2,000원, 오징어 4마리 5,000원, 산낙지 13,000원, 수입 삼겹살 2근 9,900원, 참외 반값'.

지구 반대편 한쪽 끝에서 받아 든 고향의 소식. 나는 문득 고향이 그리워졌다. 외로운 밤, 산낙지가 땡겼다. 삼겹살이 그리웠다. 우리 동네 '웰빙마트'의 고객 사랑이 내게 나라 사랑을 일깨워준 것이다. 더불어 이 지긋지긋한 현대사회의 손아귀로부터 나는 어지간해서는 벗어날 수 없음을 깨달았다.

4G가 뭐지?

현재 무선 이동통신은 1세대1G, 2세대2G, 3세대3G, 4세대4G로 나눠진다. 각 세대의 가장 중요한 구분 기준은 데이터 전송 속도의 차이다.

1G 이동통신은 아날로그 통신이다. 이 방식은 음성을 그대로 전송하기 때문에 전송하는 데이터의 양이 클 뿐만 아니라 전송 속도에도 한계가 있다. 특히 사용자가 많을 경우 주파수 문제 때문에 아예 통화 자체가 되지 않는 경우도 있다. 1G 세대는 주로 1988년에서 1996년 사이에 사용했다.

2G 이동통신은 기존의 아날로그 1G 이동통신의 단점을 개선한 '디지털' 통신이다. 2G 이동통신은 1G 이동통신보다 적은 데이터 용량으로 훨씬 더 깨끗한 품질로 통화할 수 있다. 우리나라에는 1996년에 도입되어 현재까지도 일부 사용되고 있다. 휴대전화 번호 앞자리가 010이 아닌, 011이나 017이 2G라고 보면 된다. 2G 이동통신 규격은 GSMGlobal System for Mobile communications과 CDMACode Division Multiple Access으로 나뉘는데, 전 세계적으로 GSM을 더 많이 사용했다.

하지만 국내는 모두 CDMA 방식을 채택했다.

3G 이동통신은 2002년 12월부터 상용화되어 현재까지 보편적으로 사용되고 있는 방식으로 실시간으로 동영상, 사진 등을 전송할 수 있을 만큼 속도가 향상되었다. 이후 3G 이동통신은 미국식과 유럽식이 각자의 방식대로 지속적인 발전을 거듭했다. 전 세계적으로 보면 WCDMA 방식이 70% 이상 차지하고 있으며, 현재 국내에는 SK텔레콤과 KT가 HSPA, HSPA+ 방식으로, LG U+는 CDMA 2000 EV-DO 리비전 A 방식으로 서비스하고 있다.

지난 2008년 국제 전기통신 연합ITU, International Telecommunication Union에서 4세대 이동통신 규격을 정의한 적이 있다. 당시의 기준에 따르면, 저속 이동 시 1Gbps, 고속 이동 시 100Mbps의 속도로 데이터를 전송할 수 있어야 한다고 규정하고 있다. 현재 국내 및 해외에 적용된 LTE, 와이브로는 엄밀히 말해 4세대 이동통신 규격이라 할 수 없다. 당시 ITU는 4세대 이동통신 규격의 선정 후보로 LTE를 개선한 LTE-Advanced와 와이브로를 개선한 와이브로-에볼루션Wibro-Evolution을 언급한 바 있다.

어찌 됐든 LTE와 와이브로는 기존 3G에 비해 기술적으로 상당히 발전한 규격인 점은 분명하다. 그래서 사람들은 LTE와 와이브로를 'pre-4G' 혹은 '3.9세대'로 말하기도 한다. 진정한 4G 규격은 각각이 발전한 LTE-Advanced와 와이브로-에볼루션일 것이나, 2010년 12월 ITU에서

이동통신은 고정된 위치가 아닌 장소에서 이동 중에 무선으로 통신하는 방법으로, 호출하는 상대가 그 장소에 있지 않으면 통신이 불가능한 단점을 완전히 해소시킨 것이다. 현대에 이르러 이동통신은 비단 음성뿐만 아니라 영상이나 데이터 등을 장소에 구애받지 않고 주고받을 수 있도록 한 통신 체계를 말한다.

LTE, 와이브로, 다른 진화한 3G 망 등도 4G라고 부를 수 있다는 의견을 내보였다.

지하 파이프에서 시작된 이동통신의 역사

지금으로부터 100년 전의 통신은 우편이었다. 우리나라는 1900년에 만국우편연합에 정식 가입해 외국 우편 업무를 시작했다.

당시 파리는 우편 시스템에 있어서 첨단을 달렸다. 빠른 우편배달을 위해 압축공기를 이용한 그들은 파리 지하에 파이프로 연결된 통로를 만들어 로켓처럼 생긴 통에 편지를 넣어 고속으로 주고받았다. 이 방법은 지금까지도 살아남아, 골목길이 많은 구도시의 경우 쓰레기를 회수하는 데 지하에 연결된 파이프 연결망을 활용하고 있다.

편지는 이동하는 데 시간이 오래 걸린다. 그래서 이 단점을 극복한 통신 방법으로 팩시밀리가 개발되었다. 문자와 그림을 빛으로 읽어 전기신호로 바꾼 후에 전화선을 통해 보내는 팩시밀리의 시초는 1843년 영국의 알렉산더 베인에 의해 발명되었다. 이 발명은 전화보다 무려 30년이나 앞선 것이었다. 당시 송신과 수신의 오차가 1mm 미만이었다니 놀라울 따름이다. 현재 사용하는 것과 유사한 전자식 팩시밀리의 기본 원리가 확립된 것은 1906년 독일의 아서 코른Arthur Korn에 의

해서다. 하지만 그 후로도 팩시밀리는 덩치가 크고 비싸서 대중화되기 어려웠다. 그러다가 1964년 제록스Xerox사가 저가형 팩시밀리를 개발하면서부터 대중성을 확보하게 되었다. 비로소 누구나 손쉽게 이미지를 주고받을 수 있게 된 것이다.

음성 통신의 종말을 고하는가?

맥스웰이 전자기파의 존재를 이론적으로 전개한 것이 1864년이고, 헤르츠가 전자기파의 존재를 실증한 것이 1888년이다. 이후 마르코니는 1894년, 헤르츠의 실험에 흥미를 가지고 실험을 거듭했다. 그 결과 발진기의 한쪽 끝에 수직인 구리선으로 대지에 연결하면 능률적으로 복사된다는 것을 발견하고, 이것을 통신에 이용할 수 있다고 생각하게 되었다. 마르코니는 실험에 성공하자 즉시 무선전신공사를 설립했다. 당시에는 이미 유선에 의한 전신이 실용화되어갔고, 대서양을 횡단하는 해저 전선도 1866년에 완성되어 있었다. 하지만 실로 막대한 건설비 때문에 무선에 대한 기대 또한 더할 나위 없이 높은 상태였다. 또한 바다 위를 항해하는 선박과 통신하기 위해서는 무선통신 개발이 시급했다. 실제로 1912년 처녀항해 중이던 타이타닉호가 대서양에서 빙산과 충돌하여 침몰했을 때, 무선전신에 의한 구조 요청으로 승객 약 700명이 구조된 사실은 무선통신의 가치를 실증했다.

예전에는 음성으로 전달하던 정보를 최근 들어서는 문자 메시지나 SNS를 이용해 전달한다. 특히 스마트폰 사용자들은 문자메시지만큼이나 앱을 이용한 대화를 많이 한다. 그런데 음성을 이용한 대화와 문자메시지를 이용한 대화에는 뛰어넘을 수 없는 장벽이 존재한다.

서로 마주보고 이야기를 나누면 쉽게 풀릴 일도 전화로 얘기하다 보면 오해하거나 다투게 되는 경우가 있다. 전화선으로는 상대방의 표정이나 몸짓이 전달되지 않기 때문이다. 그런데 문자메시지는 그나마 음성으로 전할 수 있었던 목소리도 전해지지 않는다. 그래서 우리는 새로운 신조어를 만들거나 이모티콘을 사용하면서 자신의 고유한 말투나 표정 대신 판에 박힌 의사소통 방식으로 사랑을 고백하고 이별을 통보한다.

사랑하는 사람의 집 앞에서 가슴 졸이며 기다리던 시절은 영영 가버린 것일까?

20년 전에 유학을 떠나면서 버렸던 전축을 얼마 전 벼룩시장에서 다시 장만했다. LP판을 듣기 위해서다. 까만 빈대떡처럼 생긴 LP판에서 나오는 직직거리는 잡음과 함께 들리는 조르주 무스타키의 〈이방인Le Meteque〉이라는 노래가 정겹게 들린다. 빙빙 돌아가는 LP판 앞에서 음악을 듣고 있는 모습을 보고 뒤에서 누가 한마디 한다.

"어지럽지도 않아요?!"

나는 잡음이 세월을 담당하는 악기라는 걸 말해주기 싫었다.

RFID story

파리 지하철은 아직 종이 표를 쓴다

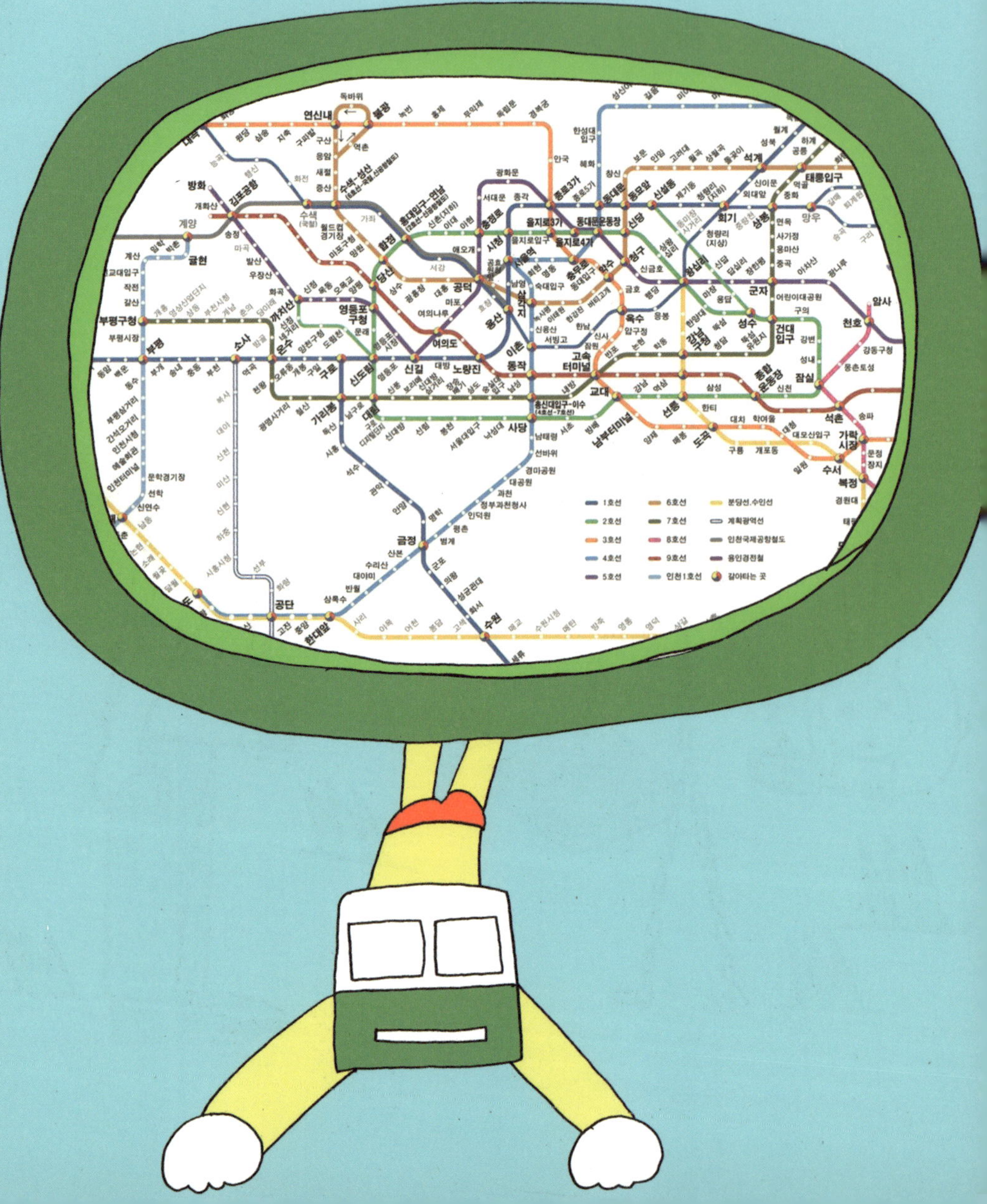

서울 지하철 노선도와 실제 서울의 모습이 다르다는 것을 처음 알았을 때 꽤나 당혹스러웠다. 전 세계 거의 모든 지하철 노선도는 같은 문제를 가지고 있었다. 길의 모양과 역 구간 간의 거리가 왜곡되어 있는 것이다. 지하철 노선도에 필요한 정보만 표시했기 때문이다. 지하철 노선은 승객이 직접 운전을 하거나, 걸어서 가는 길이 아니라 지하철이 다니는 길이다. 정확한 길의 모양이나 실제 거리보다는 목적지에 가기 위해 몇 호선을 타고, 몇 정거장을 지나서 어느 역에 내려야 하는지에 대해 정보를 제공하는 것이 지하철 노선도의 첫 번째 목적이다.

현재와 같은 지하철 노선도를 처음 만든 사람은 영국 런던의 해리 벡이라는 기술자였다. 그는 전기회로도에서 영감을 얻어 런던의 복잡한 지하철 노선도를 보기 좋게 만들었다.

최초의 지하철은 어디?

대도시의 인구 집중과 활발한 경제 활동, 교통 수요의 증가, 자동차 교통의 폭증으로 인해 더 이상 노면 교통이 원활하지 않게 되자 대도시에 지하철이 건설되었다. 지하철은 주로 도심과 교외를 연결해 도심을 통과하며, 각 노선별로 연결되어 다른 간선 철도와도 연결된다. 지하철은 다른 교통수단에 비해 한 번에 많은 승객을 수용할 수 있다는 것이 장점이다. 또한 안전도도 높다. 지하철의 안전도를 100으로 본다면, 버스와 노면 전차는 8, 시내 도로에서의 승용차는 2 정도라 할 수 있다. 또 다른 특징으로 빠른 속도를 들 수 있다. 도시에 따라 차이는 있지만 일반적으로 시간당 주행 거리를 따져보면, 지하철이 60에서 80km, 승용차는 30에서 40km, 버스는 20km 정도라고 한다. 무엇보다 지하철은 출발시간과 도착시간을 어기는 일이 거의 없다.

최초로 지하철이 운행된 곳은 1863년 1월 10일의 영국 런던이다. 당시 메트로폴리탄 철도회사는 런던 시 중심에 6.4km 구간의 지하철을 건설했다. 그 후 미국의 시카고에 지하철이 건설되었다. 당시의 지하철

Part 4 | 기술

은 모두 증기철도였기 때문에 승객들은 기관차에서 내뿜는 연기에 시달려야만 했다. 전기철도로 개선된 것은 1890년, 역시 영국 런던의 지하철이 최초였다.

우리나라에서는 1974년 8월 15일에 서울의 지하철 1호선이 개통되었고, 1984년에 2호선, 1993년과 1994년 4월에 각각 3, 4호선이 개통되었다. 지방 도시로는 1994년 6월에 부산이 최초로 지하철을 개통했다.

사라진 종이 표

현재 서울 지하철에서는 종이 표가 사라졌다. 대신 RFID 기술을 이용한 교통 카드를 사용한다. RFIDRadio Frequency Identification 기술이란 전파를 이용해 일정 떨어진 곳에서 정보를 인식하는 기술을 말한다. 태그와 판독기가 있어서 서로 정보를 교환할 수 있다. 교통카드는 안테나와 집적회로로 이루어져 있는데, 집적회로 안에 정보를 기록하고 안테나를 통해 판독기에게 정보를 보낸다.

RFID가 바코드 시스템과 다른 점은 정보를 전달하기 위해 전파를 이용한다는 점이다. 슈퍼마켓에서처럼 빛을 이용하거나 자석신호가 담긴 카드를 긁어서 판독하는 대신 전파를 이용하면 어느 정도 먼 거리에서도 태그를 읽을 수 있다. 그리고 일정한 물체를 통과해서 정보를

RFID, 즉 무선인식 전자태그는 IC칩과 무선을 통해 식품, 동물, 사물 등 다양한 개체의 정보를 관리할 수 있는 차세대 인식 기술을 말한다. 기존의 바코드는 저장 용량이 적고, 실시간 정보 파악이 불가할 뿐만 아니라 근접한 상태에서만 정보를 읽을 수 있다는 단점이 있었다.

수신할 수도 있다. 지갑 속에 있는 교통카드를 굳이 꺼내서 태그하지 않아도 작동되는 이유다. 최근에는 RFID 기술을 이용해 도축장에서 돼지 삼겹살, 목살, 등심 등을 자동으로 잘라내 포장까지 마무리하기도 하고 수천 개의 물품을 분류하기도 한다.

파리 지하철은 왜 아직도 종이 표를 사용할까?

파리 지하철은 아직 종이 표를 사용하고 있다. 그 이유는 경제성에 있다. 서울시는 종이 표를 없애고 일회용 교통카드를 도입했다. 서울에서 판매되는 교통카드는 연간 2억 건이 넘는다. 그런데 일회용 교통카드는 하루에 1만 건 정도가 회수되지 않는다고 한다. 교통카드의 발급 보증금은 1장당 500원인데 카드를 제작하는 비용은 장당 659원에서 743원이다. 따라서 회수되지 않는 만큼 손실이 누적된다고 볼 수 있다. 1장당 159원의 손해는 연간 5억 7154만 원의 손실을 가져온다. 파리는 서울보다 작은 도시지만 인구밀도는 높다. 파리의 지하철 노선은 우리보다 더 치밀하다. 파리 지하철도 서울처럼 일회용 RFID 교통카드 시스템을 설치할 수 있지만 손해를 보면서까지 도입하지는 않을 것 같다.

내가 파리에 있을 때 한국에서 친한 사람이 놀러왔는데 그는 9년 전에 사놓은 파리 지하철 표를 가지고 있었다. 그런데 그 표를 개찰구에 넣어봤더니 놀랍게도 통과되었다.
"야, 되네!"
저절로 박수가 쳐졌다.
파리의 지하철이 만들어진 지 110년이 되어간다. 파리 지하철의 종이 표는 사용한 지 40년이 되었다. 과연 언제까지 이 종이 표가 사용될까?
어떤 세상이 편하고 좋은 세상이라고 명확히 판단할 수는 없다. 하지만 살기 좋은 세상은 디지털처럼 각이 서지 않은 세상, 즉 아날로그처럼 부드러운 공존의 세계가 아닐까? 앞선 사람, 걸어가는 사람, 뒤처진 사람, 뒤도 돌아보지 않고 뛰어가는 사람. 이런 사람들이 아무 불편함 없이 살아갈 수 있는 세상이 '첨단기술'의 세상이 아닐까 생각해본다.

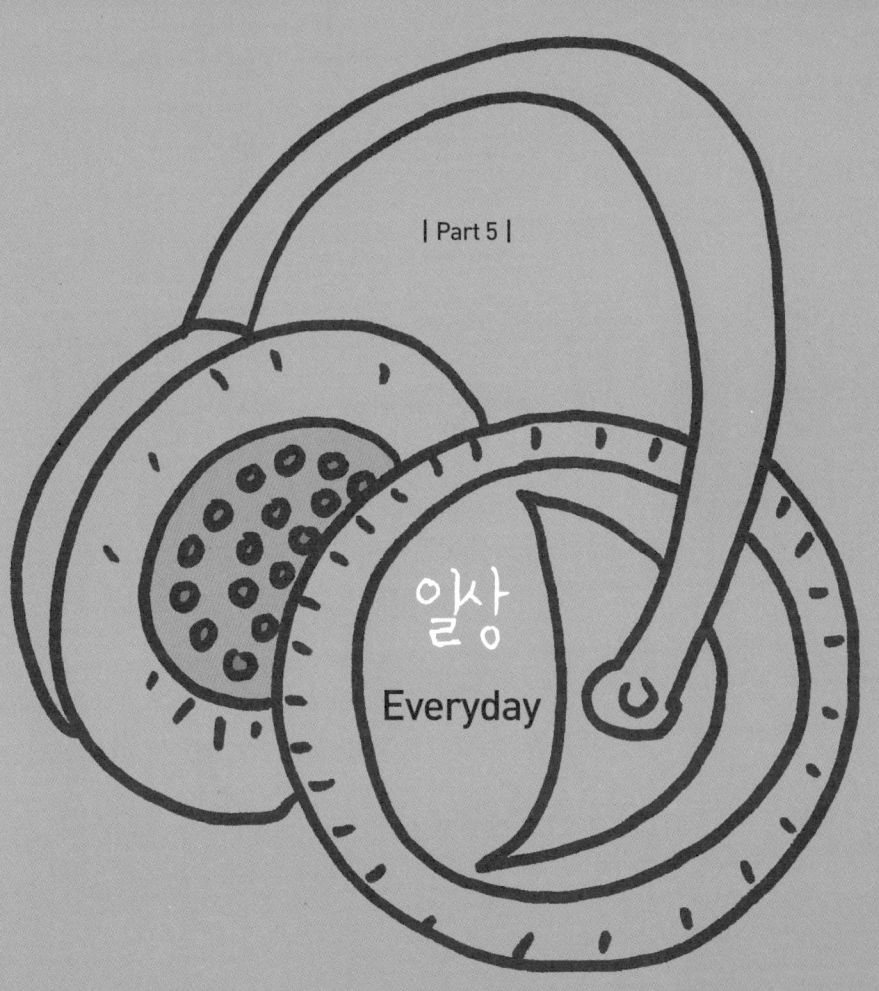

Sound story | | 지구가 자전하는 소리를 들을 수 없는 이유

동독과 서독이 아직 통일되지 않았던 시절에 동독에는 약 10만여 명의 비밀경찰이 있었다. 그들은 매우 유능했지만 투철한 정치관 때문에 종종 냉혹하고 잔인하게 묘사되었다.

영화 〈타인의 삶〉에 나오는 정보국 요원 또한 한 시인의 삶을 5년간이나 훔쳐보게 된다. 처음에는 국가와 자신의 신념이 시킨 일이었지만 그는 점차 '벽' 너머의 인물의 삶에 매료되어간다. 시간이 지날수록 시인 드라이만을 체포할 만한 단서도 찾기 힘들어졌다. 정보국 요원 비즐러는 오히려 드라이만과 그의 애인 크리스타의 삶으로 인해 감동받고 사랑을 느끼며 이전의 삶과는 달리 인간적인 모습으로 변화하기 시작한다. 냉전시대 동독의 냉담함을 오싹할 정도로 잘 전달하고 있는 이 영화는 인간과 인간 사이의 벽을 허무는 것은 망치가 아니라 사랑이라고 말한다.

이어폰이 제트엔진 소리보다 위험하다고?

지하철을 타고 가다 보면 귀에 이어폰을 꽂고 있는 사람들이 대부분이다. 그들 중에는 소리가 이어폰 밖으로까지 새어 나오게 볼륨을 높인 사람도 있다. 그런데 그는 알고 있을까? 이어폰이 제트엔진 소리보다 더 위험하다는 사실을.

영국 레스터 대학 연구팀은 이어폰으로 음악을 크게 들을 때 어떻게 청각이 손상되는지 상세하게 관찰했다. 110데시벨 이상의 소음이 일시적인 청력 상실이나 이명 등 청각 장애를 일으킨다는 것은 알려져 있었으나, 소음이 어떻게 청각세포를 해치는지를 밝힌 것은 처음이었다. 연구팀은, 귀에서 뇌로 전기신호를 전달하는 신경세포는 미엘린 껍질이라는 막을 갖고 있는데, 110데시벨 이상의 소음에 노출되면 이 막이 벗겨져 전기신호가 교란되는 것으로 확인됐다고, 밝혔다.

음악은 삶의 중요한 일부다. 하지만 그런 음악을 즐기고 음악으로부터 위안을 얻기 위해서는 '자주 크게' 듣는 것보다 '잘' 듣는 것이 중요하다.

귀가 큰 동물들은 소리를 더 잘 들을까?

귓바퀴를 통해 들어온 소리는 달팽이관에서 신경신호로 변환되어 뇌로 전해진다. 귓바퀴는 귀로 들어오는 소리를 증폭시키는 역할을 한다. 토끼가 덩치에 비해 소리를 잘 듣는 이유도 큰 귀 때문이다.

우리가 쓰는 헤드폰도 귓바퀴를 덮어주기 때문에 주위의 소음을 차단해 음악 소리가 더 잘 들릴 수 있도록 해준다. 하지만 그만큼 귀가 소리에 오래 노출되기 때문에 난청이 오기도 한다. 우리는 잘 인식하지 못하지만 이어폰이나 헤드폰으로 듣는 소리는 일상적인 대화에서 듣는 소리보다 훨씬 크다. 이어폰을 통해 들리는 소리가 자신이 좋아하는 노래라서 그렇지 만약 듣기 싫은 잔소리라면 그 크기가 확연히 느껴질 것이다.

사람이 들을 수 있는 소리의 범위는?

동물들의 청력에는 못 미칠지언정 사람의 귀도 꽤 많은 소리를 들을 수 있다. 깊은 산속에서 낙엽이 떨어지는 소리에서부터 스피커가 찢어질 듯한 굉음의 음악 소리까지, 그 범위는 무려 100억 배에 달한다. 소리의 세기는 데시벨로 표시하는데, 지하철의 소음이 90데시벨 정도고 집 안에서 스피커로 듣는 음악 소리는 40데시벨 정도다. 일반적인 대화를 나눌 때는 60데시벨, 소리로 인해 고통을 느끼게 되는 수준은 140데시벨이다. 160데시벨부터는 고막에 손상을 입힌다. 클럽의 음악 소리는 120데시벨, 지하철에서 누군가의 이어폰 너머로 들리는 음악 소리는 대충 110데시벨 정도다.

내 귀에 안전장치

사람들의 귀에는 특별한 때를 대비해 안정장치가 되어 있다. 유스타키오관은 평소에 닫혀 있다가 침을 삼키거나 하품을 할 때 근육이 움직여 열린다. 비행기의 이착륙 시와 같이 기압의 차이가 갑자기 일어날 때 이러한 행동을 일부러 하면 귀가 멍해지는 현상을 줄일 수 있다. 또한 유스타키오관은 주위 근육의 작용에 의해서 분비물이나 감염 때문에 생긴 부산물들을 배출하는 역할을 하기도 한다.

유스타키오관은 센 소리로부터 고막을 보호하는 역할도 한다. 너무 큰 소리를 들으면 고막을 지지하는 근육이 수축되어 소리를 전달하는 힘을 줄여준다. 하지만 반응 시간이 있으므로 아주 짧은 순간에 나는 총소리 같은 경우에는 제대로 반응하지 못한다. 군대에서 사격을 한 경험이 있는 사람들에게는 이명 증상이 많다.

지구가 자전하는 소리는 왜 들리지 않을까?

지구는 약 23시간 56분을 주기로 자전을 한다. 하루가 24시간인데 비해 약 4분이 짧은 이유는 지구가 자전을 하는 동안 공전도 하기 때문이다. 즉 하루란 태양이 남중한 시간부터 다음 날 남중할 때까지의 기간을 말하는데, 지구가 자전을 하는 동안 공전을 함으로써 4분 정도 더 돌아야 태양이 남중하게 되는 것이다. 그리고 지구는 약 23.5° 기울어져서 자전을 한다.

지구의 자전 속도는 적도 지방에서 약 1,600km라고 한다. 그런데 이 엄청난 속도로 지구가 자전을 하는데, 우리는 왜 그 소리를 들을 수 없을까? 그 이유는 지구를 감싸고 있는 대기 또한 지구와 거의 같은 속도와 방향으로 움직이기 때문이다. 물리적으로 소리, 즉 음파가 발생하기 위해서는 공기를 진동시켜야 한다. 공기가 없는 곳에는 소리도 없다. 다시 말해 지구의 자전 소리를 듣기 위해서는 음원과 공기 사이에 직접적인 마찰이 있어야 한다. 하지만 지구가 자전할 때는 대기를 비롯해 그 위의 모든 사물들과 함께 회전하며, 그 외부는 진공 상태이기 때문에 음파가 발생할 수 있는 조건이 되지 않는다. 설사 발생한다고 해도 음파는 매질 없이는 전파될 수 없는 파동이므로 소리가 퍼져 나가지 않는다. 공상과학영화에서 우주선이 지구 밖으로 날아갈 때 굉음을 내는 것은 순전히 극적 효과를 노린 것이다.

소리는 물체의 진동이나 기체의 흐름에 의해 발생하는 파동의 일종으로 음 또는 음파라고도 한다. 소리는 주로 공기라는 매질을 통해 전달되는데, 우리가 지구의 자전 소리를 들을 수 없는 이유는 지구를 둘러싼 공기도 같이 자전을 하기 때문이다.

물속에서 소리가 더 크게 들리는 이유

소리는 대부분 공기라는 매질을 통해 전달되지만 꼭 그런 것만은 아니다. 영화를 보면 땅에 귀를 대고 멀리서 들려오는 소리를 듣는 장면이 나온다. 어릴 적에 종이컵을 실로 연결해서 놀았던 기억이 있을 것이다. 흙이나 실, 물, 용수철, 유리 등 우리 주위에서 볼 수 있는 거의 모든 것이 소리를 전달할 수 있다.

그런데 매질에 따라 소리를 전달하는 속도는 다르다. 소리는 물체가 떨면서 만들어지는 진동으로, 이 이 떨림을 전달하는 것은 물체를 이루고 있는 분자들이다. 이 분자들이 소리를 전달할 때 모양이 바뀌는 시간이 짧을수록 소리가 잘 전달된다. 일반적으로 고체가 액체보다, 액체가 기체보다 소리를 더 잘 전달한다.

요즘 버스나 지하철을 탄 사람들은 대부분 귀에 이어폰이나 헤드폰을 꽂고 있다. 아침 출근길, 졸음이 채 가시지도 않은 상황에서 본의 아니게 옆 사람이 듣고 있는 하드락을 함께 감상하게 되는 경우도 있다. 자신이 즐기는 것은 좋지만 그걸 굳이 옆 사람에게까지 듣게 할 필요는 없지 않은가. 평소에 너무 큰 소리에 단련된 난청이 만들어낸 현상 중 하나다.

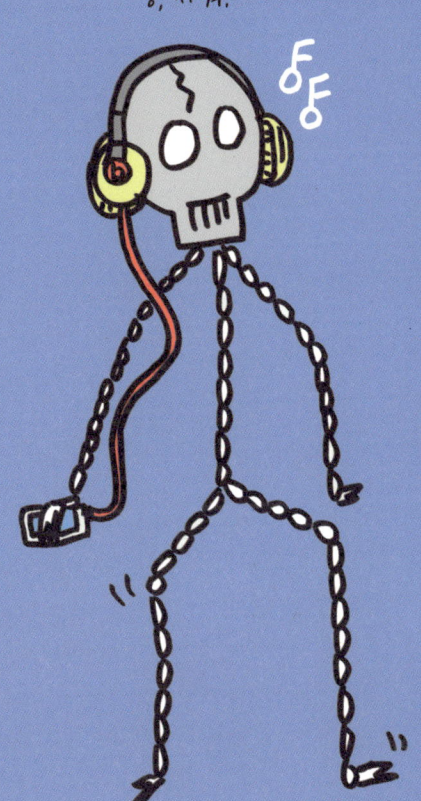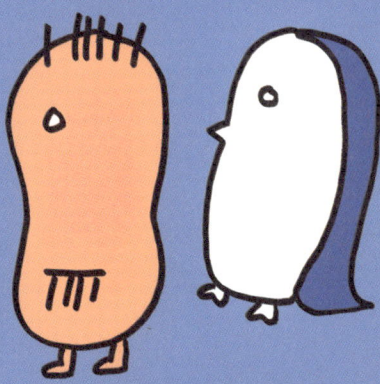

| Memory story | | 애인한테 차인 기억을
지울 수 없나요? |

"**마지막 순간** 뇌가 깜빡거림을 멈추면 그 후엔 아무것도 없다."
최근 논란이 된 양자우주론의 대가 스티븐 호킹 박사의 말이다. 사람이 죽으면 천국도 없고 지옥도 없는 망가진 컴퓨터와 같은 상태가 된다는 것이다. 여기서 논란이 되는 물리적 근본은 뇌에 존재하는 전기적 에너지가 사라지면 제로의 세계, 땅으로 사라진다는 것이다. 물리적으로 땅은 제로 상태의 역학적, 전기적 에너지를 갖기 때문이다.

아픈 기억은 지우기 어렵다

뇌의 기억은 사라지기 위해 존재한다. 언젠가는 모든 기억이 사라진다. 하지만 사람들의 아픈 추억은 쉽게 사라지지 않는다. 아픈 기억을 쉽게 지울 수 있는 방법은 없을까? 결론부터 말하자면 없다.

기억이란 무엇인가? 어떤 상황에 대한 정보를 뇌에 전기적 신호로 남겨놓았다 다시 잠시 끄집어내는 기능을 말한다. 기억에는 장기적인 기억과 단기적인 기억이 있다. 아픈 추억이나 즐거웠던 추억은 장기적인 기억이다. 이런 기억은 뇌 속 시냅스에 확실한 흔적으로 남기 때문에 지우기 어렵다.

격렬하게 즐거웠던 기억 중 하나인 한일 월드컵은 누구라도 쉽사리 머릿속에서 지울 수 없다. 이런 기억은 뇌 속 시냅스에 흥분과 함께 각인된 신호로 남아 있기 때문이다. 또 다른 기억으로 자신이 심하게 무시당했다든지, 애인에게 처절히 차였다든지, 심하게 쪽팔린 일이라든지, 너무 슬퍼서 다른 사람에게 말도 꺼내고 싶지 않은 기억은 심장에 박힌 못처럼 절대 잊을 수 없다.

인간의 성장은 기억의 축적이다. 매일매일 새로운 기억을 집어넣고 필요 없는 기억은 버리며 하루를 마감한다. 입력하고, 저장하고, 꺼내는 이 세 단계 중 하나에 이상이 생기면 뇌로서의 기능이 사라진다. 치매에 걸리면 정보를 입출력하는 신경세포에 이상이 생겨 기억을 못 하게 되는 것이다.

지울 수도 있고 복구할 수도 있는 컴퓨터의 기억이 부럽다

컴퓨터 저장 장치 역시 단기적인 저장 장치와 장기적인 저장 장치가 있다. 램 메모리는 단기적으로 컴퓨터를 끄면 정보가 사라진다. 장기적인 정보는 하드디스크에 저장한다. 하드디스크에 자기적인 디지털 신호로 기록하고, 읽을 때는 하드디스크의 헤드가 정보를 읽는다.

컴퓨터에서 파일을 지울 때는 파일 전체를 지우지 않고 데이터는 남겨놓고 파일에 대한 정보를 담고 있는 헤드 부분만 지운다. 이를 복원할 때 헤더만 붙여주면 파일은 다시 살아나게 된다. 지워졌다고 생각한 데이터를 살려내는 복구의 원리가 여기 있다. 이런 기능은 상황에 따라 희비를 가린다. 범죄자에게는 땅을 칠 일지만, 실수로 지운 사람이라도 빨리 복구한다면 많은 데이터를 살릴 수 있다.

완전히 지우려면 하드디스크를 포맷하면 된다. 인간의 경우는 작은 전

기억이란 사람이나 동물이 경험한 것이 어떤 형태로 간직되었다가 나중에 재생 또는 재구성되어 나타나는 현상을 말한다. 기억이 만들어지는 과정은 새로운 경험이나 지식이 뇌에 입력되고, 이것이 뇌에 저장되고, 다시 생각하는 회상 단계로 나뉜다. 보통 치매라고 부르는 알츠하이머병은 기억을 입력하는 데 중요한 구실을 하는 해마가 손상되거나 망가진 경우를 말한다.

기적 충격이나 노화 때문에 뇌의 기능이 사라질 수도 있다. 기계와 인간의 차이점 중 하나는가 컴퓨터는 기계적으로 재생이 가능하지만 인간은 아주 작은 뇌 속의 결함으로도 기능이 상실될 수 있다는 것이다.

좋은 기억으로 나쁜 기억을 덮어씌워라

그렇다면 부분적으로 기억을 지울 수 있는 방법은 없을까? 우울한 기억을 대체할 만한 즐거운 기억을 만드는 수밖에 없다. 지울 수 없으면 만들면 된다. 컴퓨터 하드디스크의 경우, 지운 파일 위에 새로운 정보를 채우면 된다. 살아 있는 인간의 뇌는 컴퓨터 하드디스크처럼 2차원적이지 않다. 무한한 정보 공간 속에 추억이 얼기설기 기억되는 인간의 뇌는 창의적인 기억도 만들어낼 수 있다. 슬픔은 슬픔, 실수는 실수, 과거는 과거, 기억은 새로운 기억으로 새롭게 만들어내는 수밖에 없다. 어려운 일 같지만 쉽게 생각하면 또 쉬운 일이다.

연구를 마치고 시연을 앞둔 하루 전날이었다. 심사위원들 앞에서 개발한 장비가 잘 작동되는지 보여줘야 했다.
"컴퓨터 바탕 화면을 깨끗이 하는 게 좋을 것 같은데?"
모든 준비를 마치고 연구원에게 한마디 하고 잠시 밖에 나갔다 왔다. 그런데 확인해보니 시연할 프로그램까지 모두 지워져 있었다.
"야! 그걸 지우면 어떡해!"
그날 밤 지워진 데이터를 복구하느라 밤을 샜다. 천당과 지옥을 오간, 평생 지워지지 않을 기억 중 하나다. 하지만 그때를 떠올리며 가끔 웃기도 한다. 기억이란 이런 것인지도 모른다.

박사님, 좋은 기억만 남기고
다 지워주세요.

그렇다면
다 지워야겠군.

Heat story

사람은 열받으면 어떻게 될까?

여름철만 되면 선풍기로 인한 사망 사고 관련 뉴스를 접하게 된다. 선풍기를 틀어놓고 잠이 들었다가 목숨을 잃게 되는 경우인데, 사고 원인으로 제시되는 것들이 저체온증과 호흡곤란, 미생물에 의한 호흡기 질환이다. 그간 속설로는 선풍기 바람이 입이나 코로 들어가 호흡이 힘들어져서 사망에 이른다고 알려져 있었지만, 수면의학자들은 저체온증에 더 큰 무게를 싣고 있다. 보통 우리 몸은 춥다고 느끼면 체온 조절 중추에 의한 생리작용으로 체온을 일정하게 유지하려고 하기 때문에 정상 체온으로부터 10℃에서 15℃ 이상은 내려가지 않는다. 하지만 체온이 계속해서 떨어질 경우 저체온 증상이 나타나며 몸의 감각이 둔해지고 졸음이 온다. 특히 선풍기를 몸 쪽으로 고정해놓으면 피부를 통해 수분 증발이 활발히 일어나기 때문에 바람을 맞지 않는 쪽보다 체온이 더 빨리 내려가게 된다. 그 결과 체온이 30℃ 정도까지 내려가면 산소의 소비가 감소하여 의식을 잃게 되고, 25℃ 이하가 되면 회복 불능 상태가 되고 만다.

열 알갱이를 찾던 과학자들

열이라는 것의 정체가 알려진 것은 지금으로부터 약 200년 전이다. 인류가 불을 발견한 것이 구석기시대임을 감안해보면, 열은 참으로 오랫동안 미지의 존재로 남아 있었다. 열이 에너지라는 것이 밝혀지기까지는 오랜 시간이 필요했다. 원시인들이 동굴에서 나무를 마찰시켜 불을 피웠을 때부터 18세기까지 사람들은 열이란 물질을 이루는 기본 원소의 일종, 즉 하나의 물질이나 알갱이로 생각했다. 예를 들어, 차가운 물체와 뜨거운 물체를 접촉시키면 두 물체는 함께 미지근해지는데, 그 이유가 뜨거운 물체에서 열 알갱이기체가 차가운 물체로 옮겨갔기 때문이라고 여긴 것이다. "열은 열소caloric라는 원소의 일종으로 매우 유동적인 물질이다." 프랑스의 과학자 라부아지에가 한 말이다. 물론 이와 같은 생각에 반대하는 과학자도 많았다.

어쨌든 열에 대한 뜨거운 논란을 꺼트린 사람은 18세기 후반 영국의 과학자 럼퍼드였다. 하루는 럼퍼드가 대포 만드는 곳을 찾았는데, 거기서 그는 대포 포신을 만드는 과정에 엄청나게 많은 열이 발생한다는 것을 알게 되었다. 엄청난 힘으로 금속에 구멍을 뚫을 때 금속과 구멍을 뚫는 기계가 서로 마찰하면서 매우 큰 열이 발생했고, 이 열은 기계를 돌리는 일의 양에 비례한다는 것을 알아낸 것이다.

마침내 과학자들은 열이 움직임과 관련된 에너지라는 것을 알게 되었다. 열이란 알갱이가 아니라 '물질 속 알갱이를 움직이는 에너지'였던 것이다.

열받으면 일어나는 신체적 변화

손이 뜨거운 사람과 악수를 하면 상대방의 손으로부터 열에너지를 얻게 된다. 반대로 손이 차가운 사람과 악수를 하면 열에너지를 빼앗긴다. 열에너지는 항상 더운 곳에서 차가운 곳으로 흐르게 되어 있다.

여름에 하는 포옹과 겨울에 하는 포옹의 차이는 크다. 사람의 기준 체온은 37℃에서 38℃ 정도다. 여기서 0.1℃라도 올라가면 더위를 느끼고, 0.1℃라도 낮아지면 추위를 느낀다.

체온이 떨어지면 인체는 교감신경을 이용해 심장박동을 증가시키고 혈압을 높여 피의 순환을 활발하게 한다. 추울 때 닭살이 돋거나 털이 빳빳하게 서면서 근육이 떨리는 것과 이가 떨리는 현상은 인체가 운동을 통해 체온을 올리기 위한 조치의 일환이다.

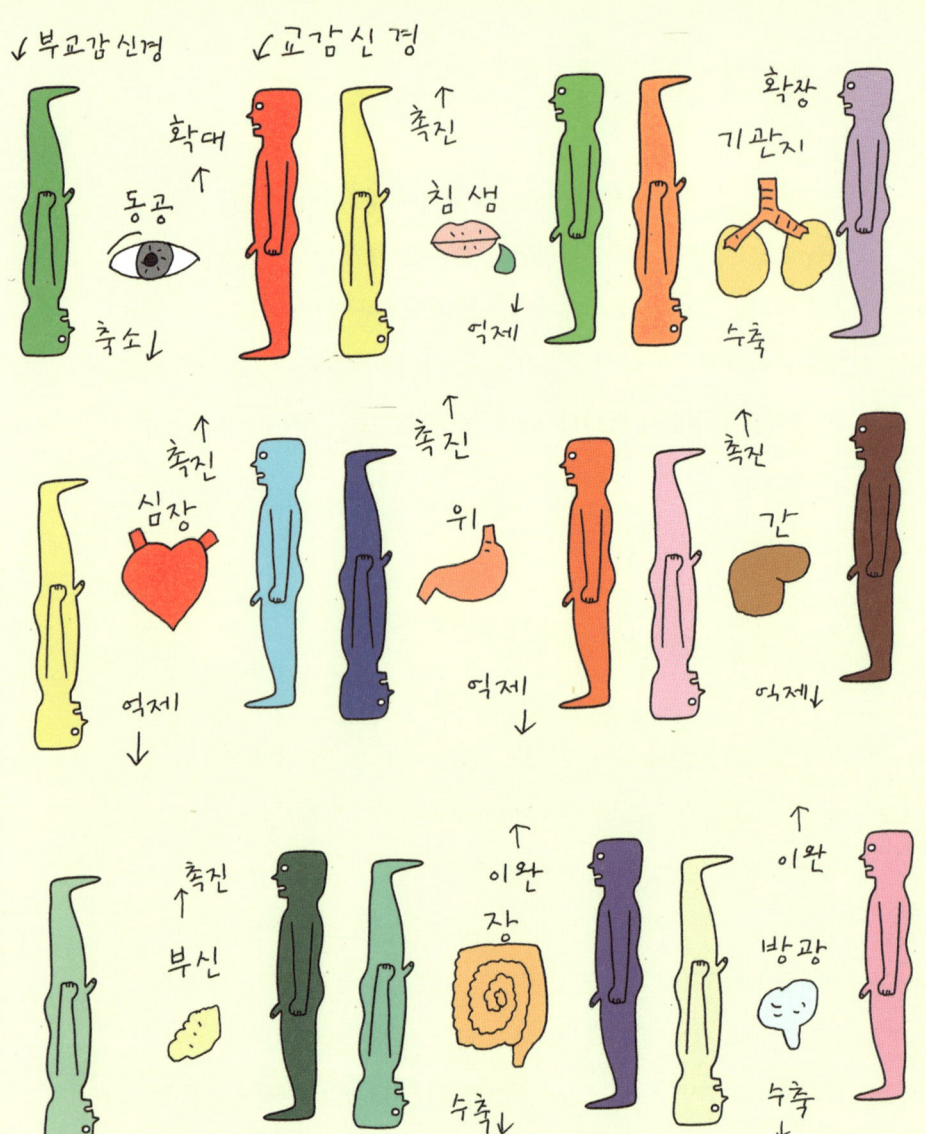

교감신경과 부교감신경의 균형이 깨지면 아무리 좋은 음식을 먹고 아무리 많은 운동을 해도 소용없다. 몸이 아파서 병원에 가도 별다른 이상 소견이 나오지 않는다.

반대로 체온이 올라가면 부교감신경을 이용해 땀을 흘리게 하거나, 심장박동을 감소시켜 혈압을 낮추고 체온을 떨어뜨린다. 여름철에 공포 영화를 보면 순간적으로 땀이 나는데, 이 땀이 증발하면서 열을 빼앗아 체온이 떨어지기도 한다.

열받는 세상에 대처하는 방법

우리가 흔히 '열받는다'라고 할 때, 소리를 지르거나 화를 내면서 몸을 격렬하게 떠는 경우가 있다. 이것은 인체가 체온을 떨어뜨리는 자연스러운 열역학적 과정이다. 분노에너지를 열에너지와 운동에너지로 방출하는 것이다. 하지만 이 과정이 지나친 감정의 폭발로 이어지면 열역학적으로 정반대 현상이 일어나기도 한다.

사람은 체온에 매우 민감하다. 자신의 기준체온에서 조금이라도 벗어나면 신체 기능이 저하된다. 덥다고 찬 바닥에서 누워서 잔다든지, 덥다고 갑자기 강물에 뛰어든다든지, 에어컨이나 선풍기를 틀고 잠이 들면 체온이 낮아져서 심근경색이나 외경색으로 생명을 잃을 수도 있다. 인체나 사회나 급격한 변화는 위험을 초래할 가능성이 크다.

 나는 여름에 일하고 겨울에 쉬는 스타일이다. 여름이 좋아서 일을 많이 하는 것은 아니다. 땀 흘리고 일하는 데 보람을 느끼는 스타일도 아니다. 여름에는 땀이 나고 덥기는 하지만 해가 길어서 뭐든지 할 수 있다는 생각이 들어서 많은 일을 벌이게 된다. 낮에 땀 흘려 일하고 집에 돌아와서 더운 물로 목욕한 후, 선풍기 앞에서 땀을 말리며 맥주 한 잔을 들이켜는 순간은 여름이 내게 주는 행복 중 가장 큰 것에 속한다. 겨울에는 추위 때문에 위축되고, 해도 짧아져서 새로운 일을 시작하기보다는 하던 일을 마무리해야 할 것 같은 생각이 든다. 물론 여름의 맥주보다 겨울의 소주 한잔을 더 쳐주는 사람들도 있을 것이다. 하지만 나는 여름이 주는 그 열정이 좋다.

| Energy story | | 무한동력기관을 찾아서 |

직장에서 받는 과중한 업무와 야근 그리고 회식이 주는 스트레스와 퇴근 후에도 자기 계발을 위해 각종 학원을 다녀야 하는 압박감은 현대인들의 피로를 가중시킨다. 그래서일까? 최근 들어 유난히 에너지 음료 광고가 눈에 띈다. 2012년 전반기에 핫식스, 레드불, 번 인텐스 등 국내 3대 에너지 음료의 매출액 합계가 230억을 훌쩍 넘었다는 보도가 나왔다. 하지만 에너지 음료의 부작용도 만만치 않다. 자신도 모르는 사이에 에너지 음료를 필요 이상으로 섭취하면 카페인 중독에 빠질 수 있고, 이는 불면증이나 신경과민, 메스꺼움 등을 불러일으키기도 한다. 심하면 이뇨 효과로 인한 탈수 증세에 시달릴 수도 있다.

기름 넣어도 남는 게 없다

세상에 100% 효율을 가진 기계는 없다. 에너지는 전환 과정에서 손실이 발생한다. 빵을 구울 때 오븐 속 열의 100%가 빵을 굽는 데 사용되지는 않는다. 철판을 데우고 공기를 데우는 데에도 열이 쓰인다. 빵을 굽는 데 30%의 에너지가 사용되었다면 나머지 70%는 그냥 소모되었다고 볼 수 있다.

자동차는 휘발유가 가진 화학에너지를 역학에너지로 바꾸는 기계다. 휘발유는 자동차 엔진에서 분해되어 에너지를 만든다. 휘발유 속 탄소 원자는 공기의 산소와 결합하여 이산화탄소를 만들고, 수소 원자들은 산소와 결합하여 물을 만든다. 휘발유의 높은 에너지 상태가 물과 같은 낮은 에너지 상태로 전환되면서 자동차가 굴러가는 것이다. 여기서 에너지의 일부만이 바퀴를 굴리는 데 전달된다. 나머지는 손실이다. 보통 휘발유나 디젤의 경우 30% 이상의 에너지 효율을 얻기는 힘들다고 한다.

자동차 연비를 높이는 방법에는 급출발이나 급제동 금지, 트렁크 비우기, 필요한 양만 기름 넣기, 정속 주행, 타이어 공기압 체크, 고속 주행 시 창문 닫기 등이 있다. 자동차 전문가들은 이것들을 지킬 경우 최대 30%까지 연비를 향상시킬 수 있다고 한다. 이는 신형 엔진이나 변속기를 장착하는 것보다 훨씬 효율적인 방법이다.

당신의 효율은 얼마입니까?

인간은 살아 있는 세포로 만들어진 아주 특별하고 정교한 기계라 할 수 있다. 인간 역시 다른 기계와 마찬가지로 에너지를 공급받아야 움직이기 때문이다. 충전은 하지 않고 에너지를 방출만 하다 보면 어떤 기계든 망가질 수밖에 없다.

지구상의 생명체 대부분은 탄수화물로부터 에너지를 얻는다. 휘발유가 자동차 엔진에서 연소하는 것과 마찬가지로 음식물이 소화된 후 남은 '잉여 에너지'가 우리의 생명을 유지시키는 것이다.

먹이사슬의 제일 아래에 있는 플랑크톤은 효율이 높다. 자신의 체격을 유지하기 위해 필요한 에너지가 적기 때문이다. 먹이사슬의 단계가 올라갈수록 지수적으로 비효율성은 커진다. 아프리카 초원을 뛰노는 얼룩말이 1kg의 몸무게를 유지하는 데에는 100kg의 풀이 필요하다. 육식동물인 사자의 경우 1kg의 몸무게를 유지하는 데에는 얼룩말 10마리가 필요하다. 먹이사슬의 위쪽에 있는 고등동물일수록 에너지 전환은 비효율적이다.

효율이라는 측면에서 본다면 인간은 연비가 고약한 자동차와 같다. 게다가 인간은 연료를 채워 넣는다고 해서 마음대로 움직일 수 있는 존재도 아니다. 때로는 그 어떤 당근이나 채찍으로도 움직일 수 없는 것이 인간이다.

인간은 사랑받고 보호받으면서, 자존감이라는 에너지를 충전시킬 때 놀라운 결과물을 창조해내고, 서로 소통하면서 또 다른 에너지를 만드는 존재다. 인간은 최악의 효율 속에서 존재의 존엄과 행복을 추구하는 오묘한 기계인 것이다.

새로운 에너지를 찾아서

지난 여름 발생한 대규모 정전 사태를 기억할 것이다. 우리나라는 현재 에너지를 생산할 수 있는 석유, 석탄, 천연가스 등 에너지 자원이 부족한 상황이다. 전 세계적으로도 이러한 자원은 한정되어 있고 언젠가는 고갈될 수밖에 없는 게 현실이다. 세계 각국은 지구온난화와 기후 변화에 대처하기 위해 화석연료 사용을 줄이고 대체에너지 개발을 위해 경쟁하고 있다.

신재생에너지원으로 거론되는 것으로 태양광과 지열, 강수, 생물 유기체 등이 있다. 여기서 태양광은 이미 개발되어 사용 중인 태양열과 구분된다. 태양광은 태양 빛이 전지에 저장되는 과정을 거쳐 발전이나 작물을 기르는 데 사용할 수 있다. 또한 유리섬유 등으로 지하에 유도하면 심층에서도 태양광을 이용한 에너지 활용이 가능하다.

얼마 전 대기업 부사장으로 일하고 있는 대학 동창을 만났다. 그 친구는 대학 시절 학교 뒤 산동네에서 자취를 했다. 겨울이면 연탄을 때는 집이었다. 나는 그때 그 친구 자취방에 단골처럼 들락거리던 멤버였다. 물리 숙제도 하고, 술도 마시고, 여러 관심 사항에 대해 토론했다. 지금 생각하면 당시 학교에서 배울 수 없었던 '1+1=2가 아닌 삶'을 배웠던 것 같다.

"야, 그때 연탄가스로 죽을 뻔했던 것 기억나냐?"

어려웠다면 어려웠던 시기. 지나고 보면 그 시절은 '낭만'이라는 꼬리표를 단 시간이었다. 친구가 술을 한 잔 마시더니 내뱉는 말.

"다시 그 시절로 돌아간다면 신나게 방황하고 싶다!"

"야, 그때 네가 그렇게 방황해서 지금 부사장 된 거 아냐?"

Season story | | 여자는 왜 봄이 되면 치마에 홀리는가?

김기덕 감독은 내가 존경하는 영화감독 중 한 명이다. 나는 그의 영화 〈봄여름가을겨울 그리고 봄〉을 좋아한다. 영화를 통해 그려지듯 시간은 쉬지 않고 흐르고 계절은 순환한다. 봄, 여름, 가을, 겨울 네 계절마다 인생에서 큰 변화를 겪는 사람도 있고 한결같은 사람도 있다. 그러나 대부분은 계절이 바뀔 때만 잠시 그것을 인지할 뿐, 바쁜 일상에서는 계절의 변화를 느끼지 못하고 살아간다.

계절이라는 것이 우리 삶에 미치는 영향은 크다. 인생이 좋게 흘러가든 나쁘게 흘러가든 봄은 찾아오고 여름은 가고 가을은 다가오며 겨울은 물러난다. 찾아오는 계절에 따라 인간의 마음은 항상 바뀐다. 어찌 보면 삶은 흐르지 않고 순환하는 것이다.

여자는 왜 봄이 되면 치마에 홀리는가?

겨울 동안 햇빛에 노출되지 않았던 피부는 봄이 되면 늘어난 일조량 때문에 쉬이 빨갛게 익는다. 많은 양의 자외선에 노출되면 피부 탄력을 유지하는 콜라겐과 엘라스틴 섬유가 손상을 입어 피부는 처지고 주름지는 노화 현상을 겪는다. 이때 손상된 세포로 인해 피부 자체의 면역력 또한 크게 감소한다. 피부 속 멜라닌 색소 양이 증가하면서 기미나 주근깨 같은 잡티가 생기고 피부는 어둡고 칙칙한 색깔로 변한다.

봄이 되면 여러 가지 물리적인 변화가 일어난다. 길어진 해와 짧아진 밤은 수면량을 줄이고 활동량을 늘린다. 당연히 잠이 부족해지고 낮에는 춘곤증 때문에 괴롭다.

봄이 되면 햇살이 망막을 자극해 간뇌에 있는 송과선이 여성호르몬 성분인 에스트로겐과 남성호르몬 성분인 테스토스테론의 분비를 촉진한다. 또한 몸의 스트레스를 풀어주고 수면의 질을 향상시키는 등 생체리듬을 조절하는 호르몬인 멜라토닌의 분비가 감소된다. 겨울과 달리 봄이 되면 밤이 짧아지면서 수면 시간이 줄어들어 신체적으로 피곤해지고, 활발한 신진대사로 인해 심리적으로 불안해지기도 한다. 특히 여성의 경우 흥분도가 남성보다 높아지는 경향을 보이는데, 이것이 바로 여성이 봄을 타는 이유다.

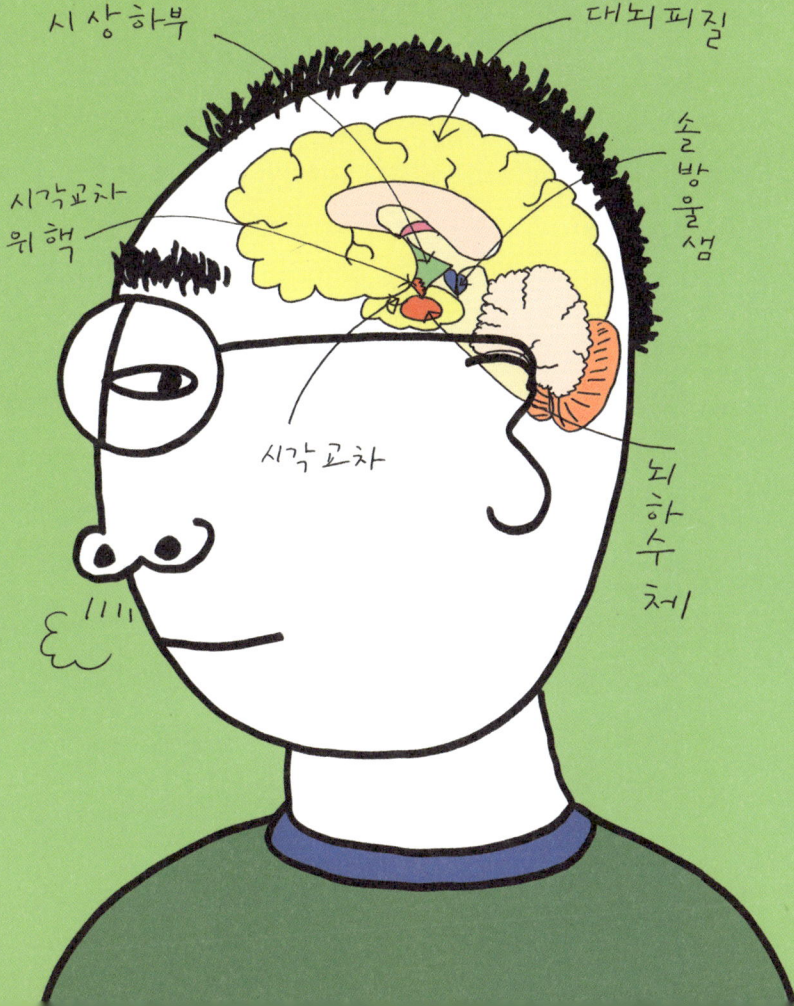

송과선은 무엇인가? 빛에 반응하는 내분비 기관으로 생식샘 자극 호르몬을 억제하는 멜라토닌을 분비한다. 그 모양이 솔방울(松科)을 닮았다 하여 송과선이라는 이름이 붙여졌다. 오래전부터 이 기관은 제3의 눈이라 불리며 인간의 사고 영역과 연결되었다고 믿어졌다. 데카르트는 이것을 '영혼의 자리'라고 했다.

노화의 계절 여름

자외선은 파장에 따라 A, B, C로 나뉜다. 특히 자외선 C는 최악이다. 인간의 생체조직을 파괴하는 이 광선은 피부암을 유발하는 강력한 빛이기도 하다. 하지만 다행이 대부분의 자외선은 지구 오존층에 의해 흡수된다. 오존층을 대기오염으로부터 보호해야 하는 가장 중요한 이유가 바로 여기 있다. 그다음 자외선 B는 오존을 뚫고 지구상에 일부 도달한다. 자외선 B가 피부에 과다 노출되면 화상을 입을 수 있다. 자외선 A는 피부 깊숙이 침투하여 피부를 검게 하고 주름을 만드는 원인이 된다. 피부 노화의 주범인 것이다.

선크림을 사용할 때 중요한 것은 PA++의 수치다. 수치가 높다고 무조건 좋은 것은 아니다. PA는 Protect A의 약자로 자외선 A의 차단 지수를 나타낸다. 그리고 PA 옆에 붙은 +의 수치는 일종의 배수인데, +가 1개면 PA의 두 배, 2개면 네 배, 3개이면 여덟 배의 차단 효과를 가진다.

SPF라는 수치는 Sun Protection Factor의 약자로 태양빛에 대한 방어 수치를 나타낸다. 예를 들어, SPF 18의 차단제를 사용하면 18×20분, 즉 360분 6시간 동안 자외선 차단 효과가 있다는 말이다. SPF 1일 경우 약 20분간의 차단 효과가 있다. 따라서 6시간 후에는 선크림을 얼굴에 다시 발라줘야 한다.

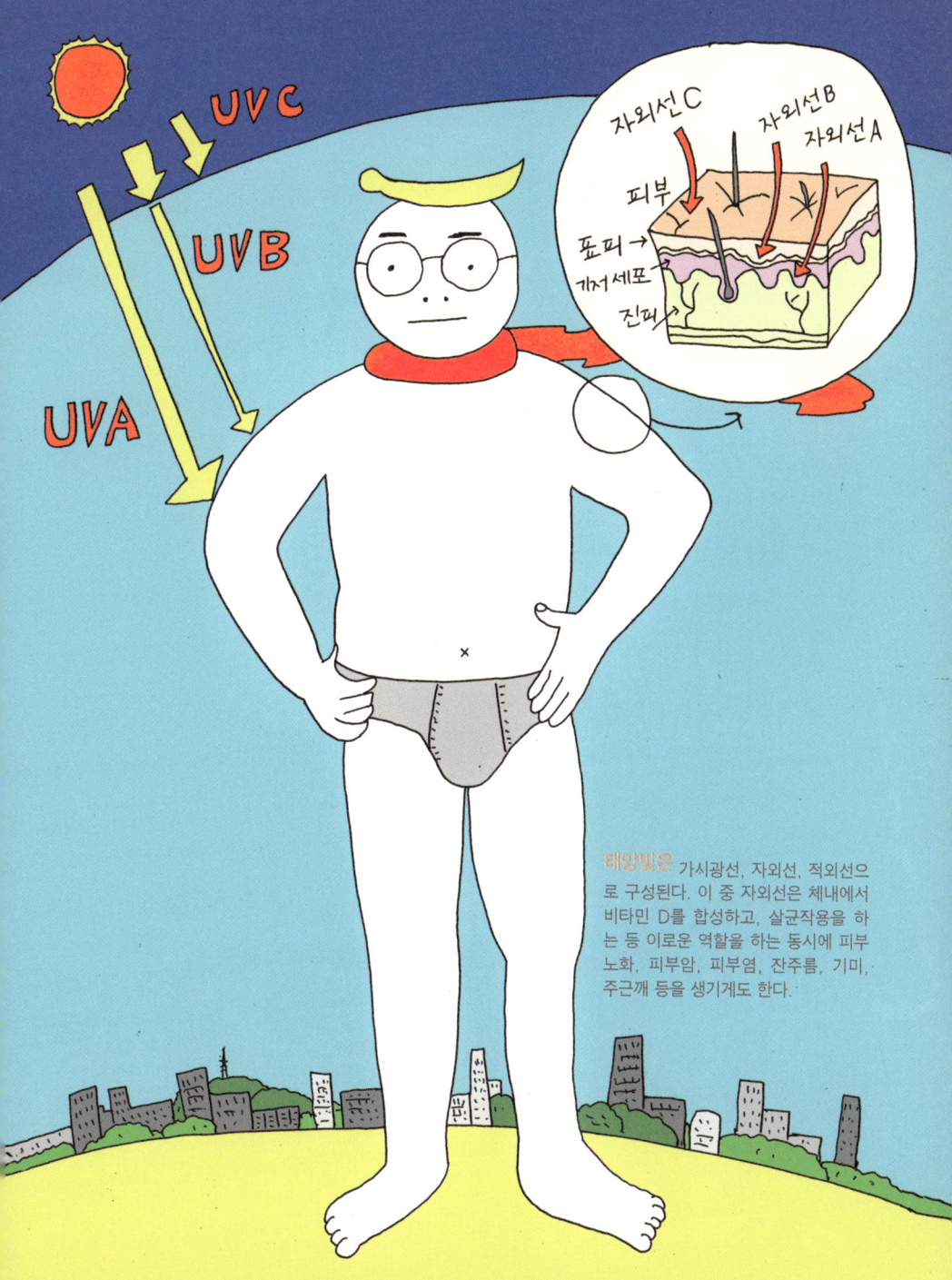

가을은 상실의 계절

가을이 되면 남자들은 남성호르몬인 테스토스테론의 분비가 저하되어 여성적인 취향에 사로잡히게 된다. 떨어지는 낙엽을 보며 온갖 상념에 사로잡히는 이유가 여기 있다. 재촉하는 사람이 없는데도 마음이 조급해지고, 어딘가로 떠나고 싶고, 외롭고, 뭔가 즐거움을 찾고 싶어진다.

물리학자 입장에서 보면 남자가 가을을 타는 원인은 태양이 지구로부터 멀어지는 데 있다. 여름이 지나면 태양은 남반부로 자신만의 바캉스를 떠난다. 그러면 북반구의 남자들은 태양이 주던 따스한 애정을 빼앗기고 만다. 마치 떠나간 사랑처럼 결핍을 남긴다. 나뭇잎은 떨어지고 날씨는 추워져서 옆구리가 시려오기 시작하는 때도 그때다. 이 모든 것이 남자에게는 하나의 스트레스로 찾아온다.

가을은 남자의 계절이자 탈모의 계절이기도 하다. 가을철 환절기는 일반적으로 탈모 증세가 심해지는 시기다. 여름철 자외선으로 손상됐던 모발이 가을철 차갑고 건조한 공기를 만나면 쉽게 빠지기 때문이다. 사랑도 잃고 머리털까지 잃은 남자는 가을을 탈 수밖에 없다.

11월을 가리키는 말로 '모두 다 사라진 것은 아닌 달'이라는 말이 있다. 인디언 부족 중 아라파호족이 이렇게 불렀는데, 체로키족은 '산책하기에 알맞은 달'이라고 불렀다고 한다. 모호크족은 10월을 '가난해지기 시작하는 달'이라고 불렀고, 카이오와족은 '내가 올 때까지 기다리라고 말하는 달'이라고 불렀다.

오리털은 왜 따뜻할까?

언젠가 딸아이의 어그부츠를 한번 신어보았다. 왜 이런 바보같이 생긴 것을 신고 다니는가 싶었는데 신어보니 꽤나 편하고 따뜻했다. 어그부츠는 호주의 서퍼들이 처음 만들었다. 서핑을 마친 그들이 해안가로 나올 때 시린 발을 감싸기 위해 신었다고 한다. 그런데 이것을 미국의 한 회사가 제품으로 만들어 팔았고, 일반인들 사이에서도 큰 인기를 끌게 되었다. 어그부츠라는 이름은 신발의 생김새가 투박한ugly 것에서 나왔다고 한다.

보통 신발은 소가죽으로 만들지만 어그부츠는 양털 가죽을 뒤집어 만든다. 발을 감싸고 있는 양털이 발의 열기가 밖으로 빠져 나가지 못하게 막는다.

단열의 핵심은 보온이다. 열전달을 막는 것. 공기는 나쁜 열전도체다. 모피나 오리털이 절연체로 쓰이는 것은 털 조직 사이에 공기를 많이 포함하기 때문이다. 오리털이나 모피가 열을 내지는 않는다. 열을 효과적으로 차단하는 기능을 할 뿐이다. 보온병의 원리 역시 공기를 차단해 온도가 외부로 못 빠져나가게 차단하고 유지하는 데 있다.

체감온도라는 것을 처음 만들어 사용한 것은 20세기 초 남극 탐험가들이다. 그들은 공기의 온도를 뜻하는 기온만으로는 인체가 직접 느끼는 추위를 측정하는 데 한계가 있다고 생각했다. 그들이 만든 체감온도 계산식은 당시 겨울철 군 작전 훈련에서 널리 쓰였다. 그러나 학자들은 그들의 계산 방식으로는 과장된 값이 나온다는 점 때문에 비판했다.

Convergence story  미래를 여는 문, 컨버전스

1900년 프랑스 파리, 수학계에서 가장 중요한 회의 중 하나인 국제 수학자 회의가 열렸다. 수학자 힐베르트는 이 회의에서 수학뿐만 아니라 인류 문명 발전에 필요한 23개의 문제를 제안했다. 힐베르트의 문제 23개 중 지금까지 풀린 문제는 총 12개다. 나머지 11개는 부분적으로 해결됐거나 아직 해결되지 못했다. 그중 하나가 바로 리만 가설이다. 리만 가설은 1859년 천재적인 독일 수학자 리만이 제기한 것으로, "2, 3, 5, 7과 같은 소수들이 어떤 패턴을 지니고 있을까?"에 관한 질문이다. 리만 가설은 지난 2000년 클레이 수학 연구소CMI가 수학 분야에서 중요한 미해결 문제 7개를 제시하여 그 해결에 각각 100만 달러씩의 상금을 건 '밀레니엄 문제7대 수학 난제' 중 하나로도 꼽혔다.

사람들은 왜 리만 가설에 주목하는가?

리만 가설은 소수들이 일정한 패턴을 가지고 있다고 생각하는 것이다. 힐베르트는 이 문제가 해결되면 쌍둥이 소수의 쌍이 한없이 존재한다는 예상도 증명될 수 있을 것이라고 생각했다. 여기서 쌍둥이 소수란, 소수 가운데 3과 5, 5와 7, 11과 13 등과 같이 연속한 두 소수의 차이가 2인 소수를 말한다. 만일 리만 가설이 참이라고 한다면 소수의 법칙을 찾는 데 결정적인 도움을 얻게 될 것이다.

그렇다면 소수는 왜 중요한가? 인간의 세계에서 소수는 매우 중요한 위치를 차지하고 있는데, 예를 들어 현대 문명이 사용하는 수많은 암호들이 바로 이 소수를 이용해 만들어졌다. 은행에 등록해놓은 통장의 비밀번호나 인터넷에서 사용하는 각종 아이디와 패스워드는 대부분 소수를 이용해 만들어진 것이다. 그러므로 누군가 소수의 복잡한 패턴 법칙을 알아낸다면 수많은 암호들이 풀리는 것도 시간문제일 것이다.

풀리지 않아야 행복한 문제?

레온하르트 오일러, 프리드리히 가우스, 베른하르트 리만 등 수많은 천재 수학자들은 소수에 관한 비밀을 풀기 위해 연구를 계속해왔다. 그리고 그들은 소수와 관련해 의미 있는 발견을 해냈다. 존 내쉬, 앨런 튜링 등도 리만 가설과 관련해 수많은 연구를 거듭했다. 그런데 아직까지 리만 가설은 해결되지 않았고, 그들의 연구 또한 제대로 빛을 발하지 못하고 있다.

그런데 이 리만 가설이 전혀 뜻밖의 자리에서 매우 중요한 단서를 발견하게 되었다. 휴 몽고메리와 프리만 다이슨 박사의 융합적 협업이 바로 그것이다. 1972년 휴 몽고메리 박사의 관심은 직선상에 있는 제로점의 간격이었다. 제타함수의 제로점은 소수와 달리 비교적 균등하게 나열되어 있었다. 무질서와는 분명 달랐다. 소립자 등 미시세계를 연구하던 프리만 다이슨 박사는 우연히 몽고메리 박사를 만나 제로점 연구를 하고 있는 수식과 원자학의 에너지 레벨의 간격을 나타내는 식이 똑같다는 것을 발견하게 되었다. 수학과 물리학, 원자학이라는 완전히 다른 분야의 식이 같다는 것. 그로써 수학의 영원한 난제라 불리는 리만 가설이 중요한 무언가를 시사하고 있다는 것을 알게 되었다.

학문 간의 경계를 허문 융합

융합이라는 말은 1979년 MIT의 네그로폰테 교수가 방송, 컴퓨터, 출판 등의 융합을 '미디어 컨버전스'라고 언급한 이후 보편화되었다. 그리고 최근에는 모든 기술, 학문, 문화에 적용되고 있다. 가장 가까운 예로 휴대전화의 '통신'과 라디오, TV 등의 '방송'을 융합한 IPTV나 DMB를 들 수 있다.

그런데 이러한 융합의 학문적 적용은 좀 더 빨랐다. DNA 구조를 발견한 왓슨과 크릭의 생명과학과 물리학의 만남은 이미 1950년대 꽃피웠다. 그들은 물리학의 X-선 관측 방법을 이용해 생명 본질의 수수께끼를 푸는 열쇠를 찾아냈다. 당시 이런 통섭과 융합의 아이디어가 탄생할 수 있었던 것은 X-선에 대한 물리학 연구의 성지였던 캐빈디시 연구소가 있었기 때문이다. 왓슨은 23세의 젊은 나이로 이 연구소에 들어왔다. 그리고 그는 단백질 구조의 3차원 구조를 X-선을 이용해 연구했다. 그리고 1년이 지난 1952년 물리학자 출신의 크릭과 함께 20세기 최대의 발견 중 하나인 유전자 DNA의 이중 나선구조를 발견하게 된다. 당시 연구소의 소장은 25세 나이로 역사상 가장 젊은 나이에 노벨상을 수상한 로렌스 브래그 박사였다. 그는 X-선을 이용해 고체 물질의 결정구조를 연구해 노벨상을 받았다.

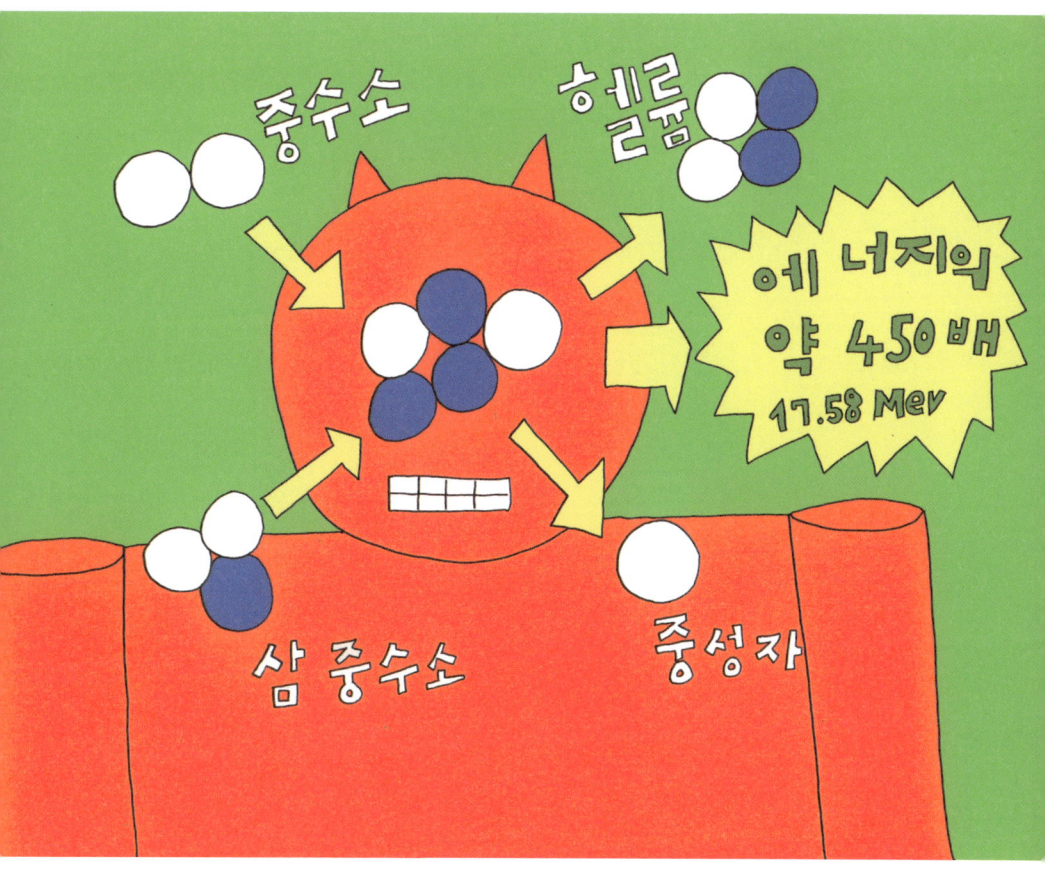

핵융합이 일어나기 위해서는 수많은 핵들이 고속으로 충돌해야 한다. 보통 핵들은 서로 같은 성질을 띠고 있기 때문에 전기적으로 반발하는 성질이 있다. 이런 반발력을 뛰어넘지 못하면 융합이 이루어질 수 없다. 에너지가 낮은 상태에서는 융합이 일어날 수 없다.

앞으로는 세상도 융합의 물결을 피할 수 없을 것이다. 생각지도 못했던 분야에서 자기 분야에 엄청난 영향을 미칠 일이 발생할 수도 있다. 그것이 바로 융합의 핵심이다. 학문 간의 통섭과 융합은 이미 시작된 지 오래다. 어찌 보면 현재의 학문 체계 자체가 통섭의 결과물이 아닌가. 150억 년이라는 시간 동안 지구상의 모든 것은 세분화되면서 서로 간에 융합되고 있었다.

A.G Bell and Phone story  | 전화를 최초로 발명한 사람은 벨이 아니다?

1876년 3월 10일, 세계 최초로 전화 실험에 성공한 날 전화선을 타고 흐른 말은 "왓슨, 이리로 와주게. 자네가 필요하네"라는 절규에 가까운 목소리였다고 한다. 실험 장치 앞에 앉아 있던 벨은 전원으로 사용하던 베터리용 황산 그릇을 잘못 건드려 옷에 쏟았던 것이다. 그 바람에 그는 준비했던 말 대신 떨리는 목소리로 다급하게 외치게 되었다.

전화를 최초로 발명한 사람은 벨이 아니다?

맥스웰 방정식 속에는 전파가 전달되는 원리가 담겨 있었다. 아인슈타인은 그런 맥스웰을 무척 부러워하며 다음과 같이 말했다고 한다.
"이런 위대한 물리적 해결을 경험할 수 있는 과학자는 세상에 몇 명 되지 않는다."
맥스웰의 이론은 물리학자들과 공학자들에게 전파의 본질을 알려주었다. 나아가 전파망원경을 개발해 우주 공간을 관측하는 우주론의 가능성을 열기도 했다. 무엇보다 우리 생활을 실질적으로 변화시킨 일은 무선통신의 탄생이다. 아일랜드계 이탈리아 물리학자이자 기업가인 굴리엘모 마르코니는 맥스웰 이론을 이용해 최초의 장거리 무선전신을 개발해 전선을 통하지 않고 대서양 너머로 모스부호를 전송하는 데 성공했다. 그는 이 획기적인 발명으로 1909년 노벨상을 받기도 했다.
전화기를 최초로 발명한 것으로 알려진 알렉산더 그레이엄 벨과 그의 조수 토머스 왓슨은 전류를 소리로 바꾸어 전달하는 전화기 개발에 몰두했다. 그러나 그들의 노력은 그리 만족할 만한 결과물을 만들어내

전화기를 통해서 듣는 목소리가 실제와 다른 이유는 사람의 목소리가 가진 주파수가 100~5,000Hz일 때, 전화기를 통해 전송되는 주파수 범위는 300~3,000Hz 정도이기 때문이다. 게다가 전화기는 음성을 전류로 바꾸고 다시 그것을 음성으로 바꾸기 때문에 어느 정도의 왜곡은 피할 수 없다.

지 못했다. 그들이 만든 장치로 대화를 나누었지만 큰 소리를 내도 상대방이 잘 알아듣지 못했다. 하지만 벨은 이 전화 장치의 설계도와 설명서를 들고 1876년 2월 14일 벨의 미국 특허청에 특허 신청을 냈다. 같은 날, 전신·전화 분야의 최고 기술을 가진 엘리샤 그레이가 특허청으로 들이닥쳤다. 그 또한 전화기에 관한 특허를 신청했던 것이다. 그런데 성능 면에서 보았을 때 그레이의 특허가 벨보다 더 우수했다. 벨은 가죽을 이용해 음성을 전달하는 방식을 사용했으나, 그레이는 금속 막을 사용해 더 효율적으로 소리를 전달했다. 특허청은 같은 날 접수된 서류이기는 하나 시간이 좀 더 앞선 벨의 손을 들어주었다.

간발의 차이로 최초의 전화기 발명이라는 명예와 돈의 주인이 바뀐 것이다. 그런데 억울한 사람이 또 하나 있었다. 이탈리아의 발명가 안토니오 무치도는 1860년에 이미 전화기를 발명해 미국 서부 유니언 회사에 공동 개발을 요청했지만 불행히도 회사 측이 이 문서를 몽땅 분실해 그의 꿈은 물거품이 되어버렸다.

전화선을 타고 흐르는 사랑

벨 이전에도 많은 이들이 전화기를 발명했음에도 오늘날 그가 최초의 전화기 발명가로 기억되는 이유는 다른 곳에 있다. 벨은 전화기를 자신의 돈벌이 수단으로 여기기보다 소리를 전하는 따뜻한 기계로 보았다. 그는 음성학과 농아 교육에 종사하면서 청각장애인들에게 어떻게든 소리를 들려주기 위해 노력했다. 실제 벨의 아버지는 농아를 위한 화술 교육가였다. 벨 역시 보스턴에 농아 학교를 세우고, 1873년부터 보스턴 대학의 음성생리학 교수로 일했다.

벨은 전화기를 발명하기 위해 실험을 시작하여 1876년 전자식 송수화기의 특허를 획득하게 된다. 이 발명을 기초로 1877년에는 가디너 허바드, 샌더스 등과 함께 벨 전화회사Bell Telephone Company를 설립한다. 벨 전화회사는 1885년에 AT&T로 회사 이름을 바꾸고 세계 최대의 통신업체가 되었다. 회사를 설립한 후 10년 동안 미국에서만 15만 명이 전화기를 갖게 되었다. 벨은 회사를 설립한 후 볼타 연구소를 창설해 농아 교육에 전념했다. 그는 전화기가 기술적으로 얼마나 뛰어난지, 얼마나 돈을 벌어줄지를 생각한 것이 아니라 얼마나 많은 사람들을 자유롭게 할지에 의미를 두었다.

1878년 벨이 전화 회사를 차리고 난 후 전화기는 유행 상품이 되었다. 그러자 여기저기서 맥스웰에게 강연을 부탁했다. 이론적으로 맥스웰보다 전화의 원리를 잘 아는 사람이 없었기 때문이다. 맥스웰은 이론적으로는 전화의 원리를 가장 잘 알고 있었지만, 바로 그 전화기가 앞으로 쓸모 있는 물건이 될 것이라고 판단하지는 못했다. 그러나 전화기가 돈이 될 것이라고 생각하지 못했던 맥스웰이었기에 그의 '시 같은 맥스웰 방적식'이 남게 되었는지도 모른다. 돈과 명예, 물리학과 돈. 우리 시대에는 양날의 칼이다. 둘 다 반반씩 나눠 갖고 싶다는 얄팍한 생각을 해본다.

박사님, 어떤 특허가 좋은 특허인가요?

소송이 많이 벌어지고 있는 특허!

Shares the story of Newton and Einstein 사과와 함께 떨어진 주식

1711년 남해회사The South Sea Company는 영국의 막대한 재정 부채 일부를 떠안는 조건으로 세워졌다. 남해회사는 무역으로 이윤을 챙기는 회사였다. 그러나 밀 무역과 해난 사고로 사업 자체가 부진해지자 복권 사업에 손을 대기 시작했다. 이후 국채와 회사 주식 교환 등 각종 편법으로 수익 사업을 벌였다. 이에 100파운드였던 주가는 1,050파운드까지 치솟았다. 하지만 영국 정부가 시장이 위기에 처했다는 판단 아래 개입하자 주가는 폭락했고 투자자는 막대한 손실을 안게 되었다. 당시 이 회사의 주식을 가지고 있다가 큰 손해를 본 사람들 가운데는 만유인력을 발견한 아이작 뉴턴도 포함되어 있었다.

사과도 떨어지고 주식도 떨어지고

뉴턴은 17세기 영국 최고의 물리학자였다. 수학자로서도 유명했던 그는 미분적분학을 최초로 만들었다. 운동의 3가지 법칙인 관성의 법칙, 힘과 속도의 법칙, 작용과 반작용의 법칙 및 광학 이론을 확립한 그는 실로 최고의 물리학자라 할 만했다. 그는 물리학을 그만둔 후 왕립조폐국 국장과 왕립학회 회장을 지내기도 했다. 그리고 국왕으로부터 작위를 받고 명예와 부를 모두 쥐게 되었다.

하지만 말년의 그는 그가 가진 전 재산을 주식 투자로 날려버렸다. 뉴턴은 영국의 남해회사 주식에 1만 파운드의 돈을 투자했다가 100% 수익이 나자 재빨리 매각했다. 그러나 주가가 계속 오르자 참지 못하고 다시 사들였다. 1720년 1월 128파운드였던 주가는 8월에 1,000파운드를 넘어섰지만 9월 들어 거품이 터지면서 며칠 만에 100파운드대로 주저앉았다. 뉴턴은 투자 자금을 모두 잃고 난 뒤 다음과 같은 말을 남겼다고 한다.

"우주의 법칙은 알 수 있어도, 주식시장의 광기는 예상할 수 없다."

주식시장에서 만난 물리 법칙

주식 투자에도 작용과 반작용의 법칙이 적용된다. 작용과 반작용의 법칙은 두 물체가 서로 힘을 미치고 있을 때, 한쪽 물체가 받는 힘과 다른 쪽 물체가 받는 힘은 크기가 같고 방향이 반대임을 나타내는 법칙이다. 주식을 예로 들어보면 외부 시장의 작용에 대한 반작용으로 어떻게 주가가 반응하느냐가 핵심이라 할 수 있다.

하지만 날씨를 예측하는 것처럼 한두 개의 변수만으로 주식시장의 반응을 예측할 수는 없다. 최근에는 자연계를 구성하고 있는 많은 구성 성분 간의 다양하고 유기적인 협동 현상, 즉 복잡계 현상 연구를 통해 이를 설명하려고 하지만, 수학적 수식으로는 간단하게 설명될 수 없는 부분이 많다.

그럼에도 불구하고 현재 복잡계 연구는 물리학, 수학, 사회과학 등 다양한 영역에서 연구되고 있다. 경제학 분야에서도 현대의 복잡한 경제 현상을 해명하기 위해 연구하고 있다. 하나의 사건은 다양한 요인의 작용에 의한 것이고, 그것이 복합되어 결과로 나타난다는 것이 복잡계의 기본 생각이다. 현대 세계는 갖가지 복잡한 요소가 다양하게 얽혀서 성립된 상태이므로, 복잡계라는 견해는 현실 세계의 원인과 결과에 대해 예측할 수 있는 하나의 대안이 될 수 있지 않을까 생각해본다.

주식시장에 떠도는 명언 중에 "주식을 사기보다는 때를 사라"는 말이 있다. 타이밍이 중요하다는 말이다. 급한 성격 때문에 일단 주식을 사고 보는 경우에 그만큼 실패할 확률도 높다.

세상물정에 무관심한 아인슈타인 주식 투자로 돈을 벌다

주식 투자에 관한 아인슈타인의 이야기는 흥미롭다. 아인슈타인이 주식을 하게 된 때는 1930년대 미국 프린스턴 대학 교수로 재직하면서부터였을 것이다. 당시 프린스턴 대학은 아인슈타인을 초빙하면서 그의 명성을 감안해 그 스스로 월급을 정하게 했다. 아인슈타인은 미국인 평균 임금 이하의 월급을 받겠다고 적어 냈다. 그는 많은 돈이 연구에 방해된다고 생각했던 것이다. 하지만 대학 측은 월급을 적게 받겠다는 아인슈타인의 제안을 받아들일 수 없었다. 연구소의 다른 학자들이 아인슈타인보다 많은 돈을 받고 있었기 때문이다. 사정을 들은 아인슈타인은 조금 더 많은 돈을 받는 데 동의했다. 그리고 처치 곤란한 돈을 주식에 투자해두었다. 그런데 그가 보유하고 있던 메이 백화점 주식이 6년 만에 두 배로 뛰었다.

아인슈타인은 생활필수품조차 최소한으로 사용하는 것으로 유명했다. 머리를 길게 기르고 있었으니 이발소에 갈 필요가 없었고, 양말은 애초에 신고 다니지 않았다. 늘 가죽점퍼 차림이었으니 다른 옷은 필요 없었다. 대학에서 준 연구실도 너무 넓어서 곤란하니 좁은 것으로 바꿔달라고 요청했을 정도다. 그는 집에서 연구실까지 걸어 다녔다. 생활의 욕구를 최소한으로 줄임으로써 자유를 얻고자 했던 것이다.

나는 주식 투자를 해본 적이 없다. 돈과는 거리가 먼 사람이다. 가끔 동창 모임에 나가면 주식에 관한 이야기를 듣게 된다. 투자에 성공한 친구들이나 실패한 친구들은 너나할 것 없이 자신의 이야기를 마치 무용담처럼 늘어놓는다. 그리고 항상 이런 말로 이야기의 끝을 맺는다.
"앞으로 뭘 사야 하나?"

| Perrier story |  | 물에 미친 사나이 |

얼마 전 딸아이와 여행을 하면서 페리에Perrier를 나눠 마셨다.
"넌 페리에가 좋니, 사이다가 좋니?"
"페리에보다는 당연히 소화가 잘되는 사이다지!"
초정리 광천수와 사이다는 한국식 페리에라고 할 수 있다. 광천수와 페리에는 미네랄워터라는 공통점이 있다. 미네랄워터란 미네랄 성분을 가진 물로서 박테리아가 없고 추가적인 첨가물이 들어 있지 않은 상태의 지하수를 말한다.

보글보글 물이 끓는 프랑스 남쪽의 베르게즈 평야

지금으로부터 약 120억 년 전에 화산이 폭발하면서 빗물과 화산가스가 만나서 가스 물이 탄생했다. 사람들은 이 물이 용암처럼 보글보글 끓어오른다고 해서 탄산수라고 불렀다.

특히 프랑스 남부 지방 베르게즈에서 생산되는 천연 탄산수는 지금도 전 세계 탄산수 시장에서 점유율 1위를 고수하고 있다. 프랑스의 내과의사 루이 페리에 박사는 1898년 프랑스 남동부에 위치한 베르게즈의 광천 소유권을 확보하고 페리에를 생산하기 시작했다.

B.C. 218, 한니발의 군대가 스페인 땅을 지나 로마를 공격할 때였다. 그들이 프랑스 남쪽 랑그도크Languedoc 지방에 다다랐을 때 베르게즈 평야를 지나면서 가스가 뽀글대는 물을 발견했다. 오랜 행군에 지쳐 있던 군대는 이 물을 마시고 그동안의 피로를 한 번에 날려주는 힘을 얻게 되었다.

B.C. 58, 로마의 세자르 군대는 프랑스를 점령하고는 이후 약 500년간 베르게즈를 지배했다. 당시 로마인들은 보글보글 끓는 가스 물을 약으

로 이용했다. 로마 시대부터 관심을 가져온 이 지역은 1769년 그라니에 가족이 소유하게 되었다. 그리고 나폴레옹 3세 때부터는 미네랄워터로서의 가치를 인정받기 시작했다. 이 물을 이용해 몸을 고치려는 사람들도 모이기 시작했다. 하지만 1884년 대규모 화재가 발생해 그곳은 곧 폐쇄되고 만다.

가스 물에 반한 닥터 페리에

페리에의 직업은 의사였다. 그는 모든 일에 열정적이었고, 정치적인 일에도 관심이 많아서 1870년 프랑스 혁명에 가담했다. 그러던 그가 어느 날 랑그도크 지방의 끓어오르는 가스 물과 사랑에 빠지게 된다. 페리에는 가스 물의 효능을 연구하여 많은 특허를 취득하고 그 지역에 땅을 샀다. 미네랄워터에 대한 의학적 효능을 널리 알리고 싶었던 페리에는 사람들에게 이 물을 팔고 싶었다. 하지만 당시에는 포도주나 맥주, 독주인 압생트만 병에 담아 사고팔았다.

페리에는 일반 사람들이 그 물을 마실 수 있기를 바랐다. 곧 그는 의사 생활을 접고 가스 물을 상품화할 궁리에 전념한다. 그런데 물을 팔기에는 큰 문제가 있었다. 물의 세 배에 달하는 탄산가스를 어떻게 병에 집어넣고 장기간 보존할까 하는 문제였다. 그래서 그는 유리병에 물을

아일랜드 출신의 존 함스워스가 합류하면서 페리에 탄산수는 독특한 디자인으로 많은 사람들의 사랑을 받게 되었다. 1973년부터는 베레리 뒤 랑그도크 유리 공장에서만 이 녹색 병을 생산했는데, 주재료인 실리카 모래를 안정적으로 공급받기 위해 벵투 산 채석장을 아예 사들였다고 한다.

담아 뚜껑으로 완벽하게 막는 방법을 생각했다. 페리에 1리터당 7g의 가스 성분이 만들어내는 압력을 이겨낼 방법은 유리병과 병마개밖에 없었다.

페리에의 또 다른 여행

페리에가 본격적으로 상품화된 것은 아일랜드 출신의 세인트 존 함스워스St. John Harmsworth가 합류하면서부터다. 그는 소비자를 끌어 모으려면 페리에를 몸에 좋은 신개념의 하이테크 음료수로 포장하는 전략이 필요하다고 생각했다. 그리고 1906년에 지금과 같은 형태의 독특한 유리병을 내놓았다. 애초에 영국 시장을 염두에 두었던 그는 인도를 비롯한 영국 식민지에 주둔한 영국군에게 페리에를 파는 것이 유리할 것이라 판단했다. 물방울처럼 우아하게 굴곡진 병은 단번에 소비자들의 눈을 사로잡았다. 그리고 차츰 병에 넣은 생수에 대한 시장의 요구가 늘어나면서 영국 왕실의 저녁 만찬 식탁에까지 오르게 되었다. 그 후 1992년 스위스의 다국적 기업 네슬레에 인수된 페리에는 현재 세계 72개국에서 마시는 음료가 되었다.

페리에는 온도가 12℃로 유지될 때 최고의 맛을 낸다. 페리에를 더 맛있게 마시는 방법은 얼음에 레몬을 한 조각 넣는 것이다. 칵테일 베이스로 마셔도 좋다.

무라카미 하루키는 페리에를 무척 좋아해서 와인을 포함해 온갖 종류의 음료를 페리에에 섞어 마신다고 한다. 특히 신경성 위장병을 앓던 중에 페리에를 마시고 호전되었다고 한다.

페리에에 가장 많이 포함된 화학 성분은 탄산수소염과 칼슘이다. 탄산수소염은 우리 몸에서 만들어진 산성 물질들을 중화시키는 역할을 한다. 위장에서도 산성화된 음식물을 중화시킨다.

Marie Curie and Joliot-Curie's Radioactivity story | | 2대에 걸친 영광, 2대에 걸친 비극

"자연의 비밀을 알게 되는 일이 인간들에게 유익한 것인지, 이것으로부터 이익을 얻게 될지, 인간을 해롭게 할 재앙이 될지는 누구도 알 수 없습니다."

– 퀴리 부인, 노벨상 수상 기념 강연 중에서

인간이 가지기에는 너무 강력한 힘

퀴리 부인으로 알려진 프랑스 물리학자 마리 퀴리. 그녀는 방사선을 발견한 것으로 첫 번째 노벨 물리학상을 받았고, 폴로늄과 라듐을 발견해 두 번째 노벨상을 수상했다. 그녀의 딸 이렌 졸리오퀴리는 그녀의 남편 프레데리크 졸리오퀴리와 1935년 인공방사성원소를 최초로 발견해 부부 공동으로 노벨 화학상을 수상했다. 33년 동안 2대에 걸쳐 한 집안에서 3개의 노벨상을 받은 것이다.

졸리오퀴리 부부는 우라늄보다 원자번호가 큰 원소인 초우라늄원소를 만드는 실험을 통해 핵분열 연쇄반응의 가능성을 실험했다. 그리고 우라늄 원자핵의 분열을 발견한 후 연쇄반응이 일어날 조건을 연구했다. 그들은 이 반응이 일어날 때 엄청난 에너지가 나올 것을 예측했다. 이 말은 곧 그 에너지를 이용해 엄청난 파괴력을 가진 무기를 만들거나, 막대한 에너지를 얻을 수 있다는 것을 알았다는 것이다.

원자력을 이용한 새로운 에너지의 가능성이 밝혀지자 프랑스 정부에서는 핵분열 원자로 제작에 관심을 가지게 되었다. 그래서 그들은 원

이렌 퀴리는 1926년 어머니의 조수였던 프레데리크 졸리오와 결혼한다. 이들 부부는 서로의 성씨를 함께 사용해 졸리오퀴리라는 함께 쓰는 성을 만들었다.

자로 건설에 필요한 '중수'가 필요하다는 것을 알았다. 중수는 보통의 물보다 분자량이 큰 물로 원자로 건설에 필수적이었다. 때문에 프랑스는 프레데리크 졸리오퀴리를 통해 프랑스 은행이 관리하던 중수를 노르웨이 수소 전해 공장으로부터 비밀리에 파리로 가져오게 한다. 그런데 졸리오퀴리 부부가 중수를 사용한 원자로를 설계하기 전에 독일군은 프랑스를 침공했다. 이들 부부는 파리의 라듐 연구소에 있던 중수 전량을 독일군이 파리에 들어오기 전에 영국 런던으로 빼돌렸다. 그들은 마리 퀴리 때부터 지금까지 쌓아온 연구 시설들이 하루아침에 잿더미가 되는 것을 막기 위해 연구소에 남았다. 더불어 핵분열 연쇄반응에 관한 정보를 지키려는 목적도 있었다.

마침내 독일군이 파리를 점령하고 프레데리크 졸리오퀴리의 스승 폴 랑주뱅이 독일군에 체포되자 그는 레지스탕스에 합류했다. 그는 그 후로 두 번이나 체포되고 생명을 위협받았지만 스스로 총을 들고 저항운동의 총사령관으로 활약했다.

제2차 세계대전이 끝나고 프랑스 드골 정부는 프랑스원자력위원회를 조직하고 프레데리크 졸리오퀴리를 위원장으로 하여 독자적으로 원자력에너지 개발에 나섰다. 이때의 노력은 1948년 'ZOE'의 전개로 절정에 달했는데, 이는 프랑스 최초의 원자로였다.

하지만 이들 부부에게는 또 한 번의 시련이 찾아왔다. 제2차 세계대전 이후 가열된 냉전은 부부에게 소련을 공격할 원자폭탄을 만들게 했고,

이들은 그러한 압력에 반대하며 원자력위원회 위원장과 위원직을 내놓았다. 그 후 부부는 실험실에서 연구에 몰두하거나 평화운동에만 전념했다.

방사능이 가져온 죽음

마리 퀴리가 백혈병으로 사망했다는 것은 널리 알려진 사실이다. 그녀가 사용한 실험 노트는 엄청난 양의 방사선에 오염되어 있었다고 한다. 어떤 요리 책에서는 지금까지도 방사능이 방출되고 있다.
원자핵 실험을 하던 이렌 졸리오퀴리는 그녀의 어머니처럼 백혈병을 얻었다. 1950년대 몇 번의 수술에도 불구하고 그녀의 건강은 나아지지 않았다. 결국 그녀는 1956년 59세 일기로 퀴리 병원에서 생을 마감한다. 부인이 죽기 전 이미 간에 이상이 생긴 프레데리크 졸리오퀴리는 그녀가 죽고 나자 아내가 끝내지 못한 일들을 실행에 옮겼다. 그는 이렌의 죽음으로 공석이 된 파리 대학의 교수직을 맡았으며, 오르세 연구소의 설립도 성공적으로 완수했다. 그리고 1958년 방사선으로 인한 간 손상으로 생을 마감한다.

 원자번호 94번 플루토늄의 이름은 태양계의 9번째이자 맨 끝 행성이던 명왕성Pluto에서 따왔다. 태양계 행성 중에서 가장 작고 가장 먼 곳에 있었던 명왕성! 그곳은 인간이 한 번도 가본 적 없는 얼음 덩어리 행성이다. 작고 아름답게 빛나는 별 명왕성은 쉽사리 다가갈 수 없는 얼음 별이라는 얼굴도 가지고 있었다. 플루토늄이 가진 양면성과 꽤나 흡사하다.

| Those who refused the Nobel Prize | | 노벨상을 거부한 사람들 |

"노벨상 수상자 사망!"

지난 2011년 10월 3일 노벨위원회가 노벨 생리의학상 수상자 3인을 발표했다. 하지만 공동 수상자인 랄프 스타인먼 박사는 발표 며칠 전 췌장암으로 숨진 것으로 밝혀졌다. 노벨상은 1947년 이후로 생존 인물에 한해서만 상을 수여해오고 있었다. 그래서 일각에서는 스타인먼의 수상이 취소되는 것 아니냐는 관측이 제기됐다. 이에 노벨위원회 회장은 "그가 노벨상 수상 소식을 듣지 못한다니 유감이다"라면서 스타인먼의 수상 결정을 바꾸지 않겠다고 했다. 이는 노벨상 역사상 매우 이례적인 일이었다.

노벨상의 제1원칙 "살아 있으라!"

매년 10월경이면 전 세계인들의 이목은 노벨상 발표장으로 집중된다. 우리나라도 몇 해 전부터 더욱 큰 관심을 갖고 지켜보고 있는 중이다. 노벨의 유언에 따라 물리학, 화학 그리고 생리학 및 의학 분야에서 "인류를 위해서 최대 공헌을 한 사람"에게 상을 수여하는 노벨상은 세계적으로 저명한 과학자들이 추천하고 해당 분야의 전문가들을 통해 선발 과정을 거쳐 수여한다. 그런데 이 상의 선발 기준 중 하나가 업적이 인정되기 전에 죽으면 안 된다는 것이다.

언뜻 의아해 보이는 이 원칙은 사실 상당히 중요한 의미를 가지고 있다. 만약 이런 원칙이 없다면 노벨상은 18세기 과학자인 뉴턴이나 갈릴레이 갈릴레오, 맥스웰 등 이미 죽은 과학자들에게 수차례 수여되었을지도 모른다. 그 또한 의미 있는 일이기는 하지만, 노벨상을 제정한 취지에는 맞지 않는 일이다. 그러므로 이 규정은 현재를 살아가며 과학을 연구하는 사람들에게 혜택이 돌아가도록 하기 위해 불가피한 선택이었다 할 것이다.

노벨상을 받기 위해서는 얼마 동안 연구해야 하는가?

노벨의 유언대로라면 연구에서 수상까지 채 1년이 걸리지 않을 수도 있다. 예를 들어 인공방사성원소를 발견한 졸리오퀴리 부부, 인슐린을 발견한 밴팅과 매클라우드의 경우가 그렇다. 하지만 현대로 올수록 이러한 경우는 점점 줄어들고 있다. 특히 물리학의 경우 현대물리학이 발전하면서 물리학의 내용이나 틀이 과거와 많이 달라졌기 때문이다. 그러므로 다양한 연구들 중에서 최고 성과를 얻고, 그 연구의 중요성이 확인되기까지는 상당한 시간이 필요하다.

노벨상을 수상하기까지 가장 오랜 시간이 걸린 경우로는 루스카 박사를 들 수 있다. 그는 1931년에 전자현미경의 원리가 된 전자광학에 관한 최초 논문을 발표한 공로가 인정되어 55년 후인 1986년에 노벨상을 받았다.

아인슈타인은 상대성이론으로 노벨상을 받은 것이 아니다

아인슈타인은 상대성이론으로 노벨상을 받았을까? 아니다. 노벨위원회는 상대성이론을 들어 공리공론이자 자연 현상의 설명이라기보다는 수학적 정식화라는 견해를 표명했다. 물리학 발전보다는 인류를 위해서 특별하게 공헌한 과학자들에게 우선적으로 상을 수여한다는 입장에서 보면, 상대성이론이 당시 노벨상을 받지 못한 것은 타당한 면도 없지 않다. 더군다나 당시의 상대성이론은 과학적으로나 정치적으로 광범위한 공격을 받고 있었으므로 논쟁의 대상이기도 했다. 하지만 광전효과 법칙은 실험적으로 입증이 되어 아인슈타인에게 노벨상을 안겨주었다.

1922년 일본의 출판사로부터 초청을 받은 아인슈타인은 자신을 태운 배가 일본에 도착하기 전에 노벨상 수상 소식을 듣게 된다. 노벨상은 수상자가 스스로 상을 받으러 가지 못할 경우 본인의 나라 주재 대사가 대신하여 받는 것이 관례다. 아인슈타인은 스위스 대사가 자기 대신 이 역할을 해주기를 바랐다. 하지만 당시 독일 측에서 이의를 제기해 독일 주재 스웨덴 대사가 증서와 메달을 서베를린의 아인슈타인 앞으로 보낸 것으로 마무리했다.

오래 살아 있어야 업적을 인정받는다

노벨상 최고령 수상자는 오스트리아의 동물행동학자 칼 폰 프리쉬 박사로, 그는 꿀벌의 행동 양식을 연구한 공으로 1973년 노벨 생리학 및 의학상을 수상했다. 당시 그의 나이는 87세였다. 또 한 사람 프란시스페이턴 라우드 박사는 육종 바이러스를 발견한 공로를 인정받아 87세에 노벨상을 받았다. 그는 시골에 살고 있었는데, 어느 날 이웃집 농부가 목에 혹이 난 닭을 들고 와서 그 이유를 물어본 것을 계기로 연구를 시작했다. 그는 닭의 목에 혹이 난 것은 육종 바이러스라는 것을 밝혀낸다. 이 바이러스는 암 연구에 중요한 결과를 제공했다.

최연소 노벨상 수상자는 이십 대에 노벨 물리학상을 받은 윌리엄 로렌스 브래그다. 그는 X-선에 대한 결정구조해석 연구로 1915년 노벨상을 받았다. 노벨상 초기에 물리학상을 받는 연령대는 주로 사십 대였지만 최근 들어 육십 대로 높아졌다.

그들은 왜 노벨상을 거부했을까?

노벨상은 개인이 받을 수 있는 최고의 상이자 국가적으로 무척 자랑스러운 일이다. 때문에 이 상을 거절하는 사람은 거의 없다. 본인의 의사와는 관계없이 당시의 정치적 상황이나 여타 이유로 인해 상을 받지 못하는 경우를 제외하고 말이다. 그런데 순전히 자신의 의지로 노벨상을 거부한 사람들이 있다.

1964년 노벨 문학상을 수상한 장 폴 사르트르는 실존주의 철학자로, 이념에 따라 문학 활동을 했다. 하지만 실존주의 문학 활동을 함께했

노벨상 수상을 위해 우리나라 과학계에서도 다양한 노력을 지속해오고 있다. 최근의 국가과학자 선정이나 기초과학연구원 설립이 그와 같은 노력의 일환이다. 그와 함께 온 국민이 과학을 친근하게 받아들일 수 있는 풍토 조성도 중요하다. 과학에 대한 진지한 고민과 존중이 바탕이 되지 않으면 노벨상 수상도 실은 사상누각이 아닐까.

던 프랑스의 알베르 카뮈보다 훨씬 늦게 노벨상을 받은 데 불만을 표시했다고 전해진다. 카뮈는 1957년 최연소로 노벨 문학상을 탔는데, 카뮈보다 나이가 많은 사르트르는 1964년에 노벨상 수상자로 결정되었다. 사르트르의 수상 거부는 당시 노벨 위원회의 노여움을 샀고, 그 이유로 인해 프랑스 작가에게는 20년 동안 상이 주어지지 않았다고 한다.

또 한 사람은 베트남 출신의 정치가 레둑토다. 그는 노벨 평화상을 거부했다. 월남전 당시 그는 파리에서 미국 측 헨리 키신저를 상대로 여러 해 동안 외교적 노력을 기울여 휴전을 이끌어냈다. 그는 그 공로를 인정받아 노벨 평화상 수상자로 지명됐다. 그러나 레둑토는 아직 자신의 조국에 평화가 찾아오지 않았다는 이유로 수상을 거부했다. 한편 서방세계에서는 공산주의자에게 노벨 평화상을 주었다는 이유로 논란이 일었다.

이그노벨상이라는 말을 들어본 적이 있을 것이다. 이 상은 미국 하버드 대학교의 유머 과학잡지인 《애널스 오브 임프로버블 리서치AIR》가 과학에 대한 관심을 불러일으키기 위해 1991년 제정한 상이다. '다시 할 수도 없고 해서도 안 되는' 기발한 연구나 업적을 대상으로 매년 9월경 노벨상 발표에 앞서 수여된다.

이 상을 탄 사람 중 하나인 로버트 매슈스는 토스트를 바닥에 떨어트리면 버터를 바른 쪽이 바닥에 떨어지는 것과 머피의 법칙에 관해 연구했다. 그는 공인된 물리학자로서, 그의 연구에는 전자기적 미세구조상수, 중력의 미세구조상수, 보어 반지름이 포함되어 있다. 이 세 가지 기본 상수들의 정확한 값은 빅뱅 직후 우주가 현성되는 바로 그 시점에 정해졌는데, 토스트가 버터를 바른 면으로 떨어지는 이유 또한 그런 식으로 만들어졌다고 주장했다. 그는 이 연구로 1996년 이그노벨상 물리학상을 수상했다.

그의 연구가 가진 의미는 연구의 도착점이 아니라 출발점이다. 과학은 먼 곳에 있지 않다. 우리 가장 가까운 곳에서부터 과학은 시작된다.

보통날의 물리학

ⓒ 이기진, 2012

1판 1쇄 2012년 11월 30일
1판 5쇄 2019년 4월 22일

지은이 | 이기진
펴낸이 | 정미화
기획편집 | 정미화 임홍열

펴낸곳 | 이케이북(주)
출판등록 | 제2013-000020호
주소 | 서울시 관악구 신원로 35, 913호
전화 | 02-2038-3419
팩스 | 0505-320-1010
홈페이지 | ekbook.co.kr
전자우편 | ekbooks@naver.com

* 이 책은 저작권법에 따라 보호받는 저작물이므로 무단 전재와 복제를 금합니다.
* 이 책의 일부 또는 전부를 이용하려면 저작권자와 (주)이케이북의 동의를 받아야 합니다.
* 이 도서의 국립중앙도서관 출판사도서목록(CIP)은 e-CIP 홈페이지(http://www.nl.go.kr/ecip)에서 이용하실 수 있습니다.(CIP 제어번호 : CIP2012005329)
* 잘못된 책은 구입하신 곳에서 바꾸어드립니다.

ISBN 978-89-968973-3-0 03400

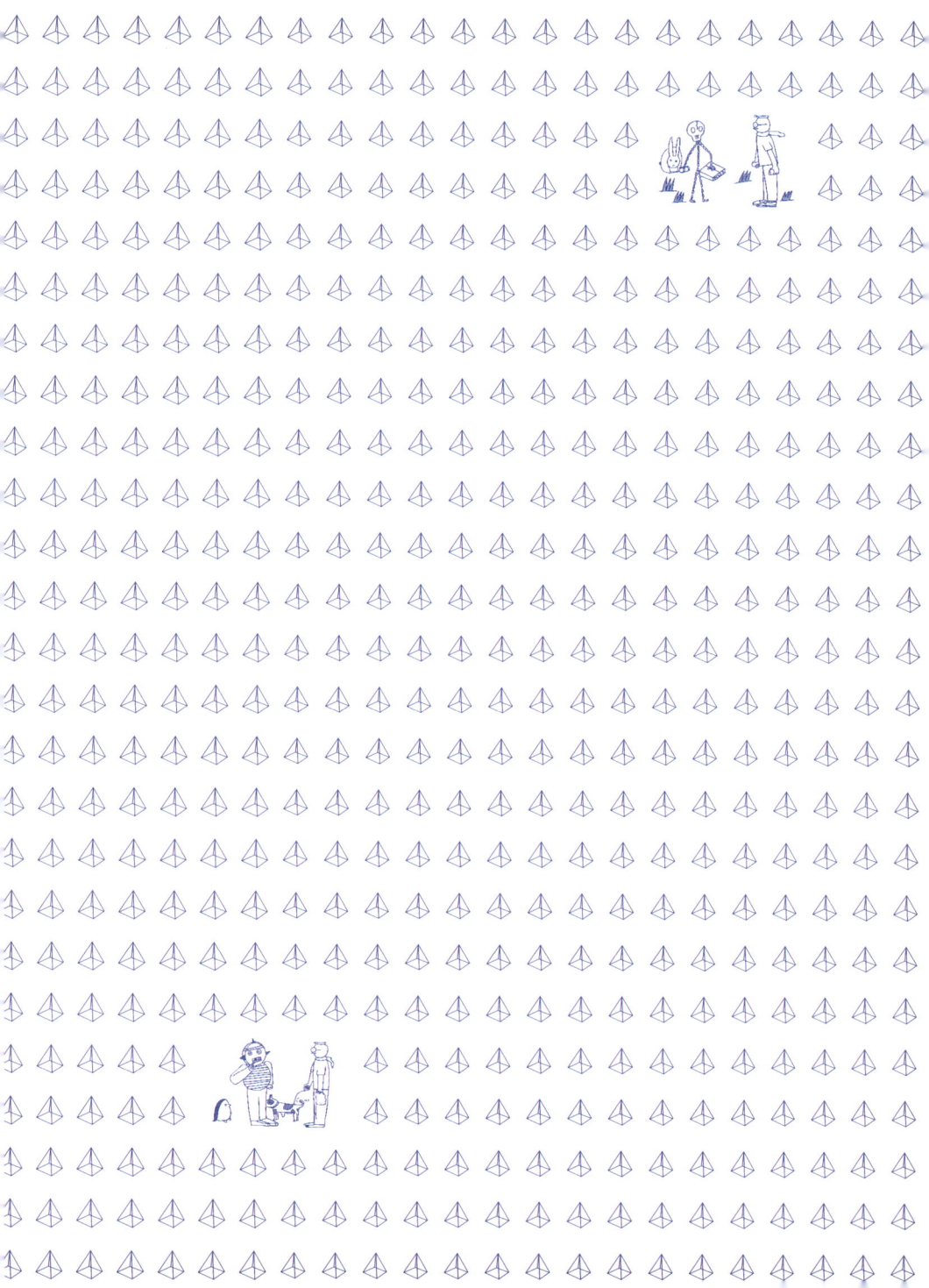